从零开始学

Android

开发

Android技术高手
带你轻松玩转App

宋钛旭 / 编著

机械工业出版社
China Machine Press

图书在版编目（CIP）数据

从零开始学Android开发 / 宋钛旭编著.—北京：机械工业出版社，2021.5

ISBN 978-7-111-68163-2

Ⅰ．①从… Ⅱ．①宋… Ⅲ．①移动终端－应用程序－程序设计 Ⅳ．①TN929.53

中国版本图书馆CIP数据核字（2021）第083109号

　　本书从基本的Java语法开始讲解，通过具体的实例介绍Android开发的全过程，从零基础到进阶全覆盖。本书共 14 章，首先阐述 Java 语言的基础知识，然后介绍有关活动、碎片等 Android 中的重要概念，为读者开发 Android App 打下扎实的基础。接下来介绍有关 Android UI 控件开发以及 GitHub 开源库使用的知识，让读者在开源的世界中继续学习更多开发技巧，进而进行更深层次的探索。

　　本书兼具基础知识与实战案例讲解，内容循序渐进，零基础和有一定基础的 Android 开发人员均可参考和阅读。

从零开始学 Android 开发

出版发行：机械工业出版社（北京市西城区百万庄大街 22 号　邮政编码：100037）

责任编辑：迟振春　　　　　　　　　　　　责任校对：王叶

印　　刷：中国电影出版社印刷厂　　　　　版　　次：2021 年 6 月第 1 版第 1 次印刷

开　　本：170mm×242mm　1/16　　　　　印　　张：16.25

书　　号：ISBN 978-7-111-68163-2　　　　定　　价：79.00 元

客服电话：(010) 88361066　88379833　68326294　　投稿热线：(010) 88379604

华章网站：www.hzbook.com　　　　　　　　　　　　读者信箱：hzit@hzbook.com

前　　言

在科技高速发展的今天，各种计算机技术层出不穷，而在软件开发中，笔者觉得最有意思的莫过于 Android 开发了。学会了 Android 移动端开发，就能够迅速通过编程实现自己的想法。同时，正是移动端开发引领了本次的互联网革命，在本次互联网革命中也孕育了不少巨无霸企业，比如阿里巴巴、美团、腾讯、百度、谷歌、亚马逊、脸书等。互联网将不同地方的人和事物联系了起来。阿里巴巴改变了我们购物的方式，美团改变了我们吃饭的方式，腾讯则改变了我们和朋友、家人联系的方式。我们足不出户就可以和万里之外的朋友进行交流，也可以购买千里之外的物品。互联网技术还通过一系列的算法对物流进行最优配置，这样快递能够在几天之内送往全国各地。而这些技术的直观体现就是我们平时使用的移动端上的软件。在移动端上，Android 和 iOS 共分天下，截至 2020 年年底，Android 已经占据了 85%的市场份额，可见其市场价值的巨大。因此，一旦涉及移动端应用，首先要开发的就是 Android 应用。Android 为全球上亿的移动设备提供计算能力，是全世界所有移动平台中安装量最大的，并且仍然在飞速增长，每天都平均有 100 万用户启动 Android 设备，并从 Android 设备商那里寻找自己想要的应用。

基于 Linux 内核而设计的 Android 操作系统主要用于具有触摸屏的移动智能设备，例如智能手机和平板电脑。同样，Android 提供了用于用户与应用程序交互的触摸屏事件。Android 的用户界面主要提供基于用户的触摸操作，我们可以使用触摸手势（例如滑动、单击等）来操控屏幕上的对象。此外，还有一个可以进行自定义的键盘，用于输入文字。Android 还支持通过蓝牙或 USB 连接的游戏控制器和全尺寸物理键盘。Android 旨在对用户的输入进行即时响应，除了可立即对触摸做出响应的动态界面外，由 Android 驱动的设备还可以通过振动为用户提供触觉反馈。许多 Android 应用都利用了 Android 移动智能设备中诸如加速度计、陀螺仪和接近传感器之类的内部硬件来响应用户的其他操作。这些传感器还可以检测到屏幕的旋转，例如，对于赛车游戏，用户可以像操纵方向盘一样旋转

Android 设备。由于 Android 设备的供电通常是通过电池，因此 Android 旨在通过管理系统的运行流程将设备功耗保持在最低水平，从而延长 Android 设备中电池的续航时间。

其实开发基于 Android 的应用非常容易，一般使用 Java 语言来进行 Android 应用的开发，使用 XML 来描述数据资源，也就是使用 XML 来编写用户界面。为了帮助开发者有效地开发移动应用，谷歌公司提供了一个名为 Android Studio 的集成开发环境。这个集成开发环境提供了程序代码的编写、程序代码的调试和将 Android 应用程序打包等功能。尽管 Android 平台为移动应用程序提供了丰富的功能，但是目前还面临很多挑战。比如，在一个应用中实现多屏功能，提高 Android 软件的性能，正确地执行代码和保证用户的信息安全，保证新版本应用程序和旧版本 Android 系统的兼容，等等。

本书既适用于初学者，又适用于有一定开发经验的人员。本书对初学者非常友好，在前面的章节提供了 Android 开发所需要的 Java 知识，即第 1~4 章着重讲解 Java 语言，为读者打好编程语言的基础，有了这个基础，在学习 Android 开发的时候会更加轻松。第 5~8 章带领大家实现 Android 中一些酷炫的展示界面，对各种 UI 控件以及 Android 开源框架进行讲解，让读者在短时间内快速实现一个漂亮的 App。第 9~14 章介绍 Android 的一些高级应用，让读者了解 Android 中的动画操作、一些更加强大的 UI 控件、网络访问技术以及多媒体技术，最后还添加了有关人工智能的内容，将人工智能技术和 Android 结合，在移动应用上启用当前流行的人工智能技术。比如，抖音中就启用了一系列的人工智能技术，我们制作好的视频可以通过 Android 系统自动计算，从而改变被拍摄者的颜值、身材、身高等。

希望读者在学习本书的过程中，能够将书上的源代码亲自实现一遍，以加深对代码的理解。

本书提供资源文件下载，读者可以登录机械工业出版社华章公司的网站（www.hzbook.com），先搜索到本书，然后在页面上的"资料下载"模块下载即可。如果下载有问题，请发送电子邮件到 booksaga@126.com。

编　者

2021 年 2 月

目　　录

第 1 章

欢迎来到 Android 的世界

本章主要介绍 Android 上 App 开发和 Java 语言的关系，以及学习 Android 开发需要了解的一些知识。

1.1　Android 简介

Android 系统是由谷歌公司所开发的，人们也将 Android 称为"安卓"。目前，采用 Android 系统的手机的市场占有率为 80% 左右，优势明显。所谓的 Android 开发，其实就是在 Android 系统上开发相关的 App。日常生活中经常见到各种 App，比如美团、拼多多、淘宝、去哪儿网、抖音、快手等，这些 App 极大地方便了大家的工作和生活，同时也给所属公司带来了不错的回报。Android 已经诞生 10 多年了，这期间更替了多个版本，唯一不变的是人们对 Android 的热情，笔者当年就是被 Android 的开放态度所吸引，从而走上了 Android 开发之路。

1.2　Android 和 Linux

Android 是基于 Linux 操作系统实现的，由于 Android 采用了 Linux 内核，因此，在某种意义上 Android 可以说是 Linux 操作系统的一个发行版，Linux 系统是开源且免费的，谷歌的工程师可以通过不断修改 Linux 源码来满足 Android 的需求。Android 也是一个开源的系统，它的许可证是 Apache 许可证。由于 Linux 是一个已经构建好且维护得很好的操作系统，可以在各种计算机平台上运行，而我们的手机已经相当于一台"小型"的计算机，因此谷歌的开发人员没有必要重新编写 Android 的内核，只需要对 Linux 内核进行修改即可。如果读者足够细心的话，在手机或者平板电脑中很可能就能看到 Linux 的内核版本。图 1-1 所示为 Android 系统架构。

图 1-1　Android 系统架构

Android 和 Linux 之间有这样一种关系，不可以在 Android 中运行 Linux 应用程序，然而可以在 Linux 中运行 Android 程序。就本质而言，Android 和 Linux 均是开源的系统，只要我们愿意，就可以修改其中的源码，进行一些有趣的创新，如果这些创新可以被源码社区认可和接受，就可以为推动整个开源世界的发展做出贡献。

1.3　Android 系统目录简介

Android 系统是一个操作系统，因此也会有目录，各种程序、运行日志都会保存在目录中。Android 系统目录一般具有以下文件夹（其实就是子目录）：

（1）data：安装软件的数据文件。

（2）proc：用于存储 Android 内核运行时的特殊文件。

（3）etc：用于存放系统中的各种配置文件。

（4）usr：用户目录，用于保存用户信息。

（5）app：下载的应用程序所安装的位置。

（6）bin：系统工具所存放的文件夹。

（7）lib：系统的底层库。

总体来说，Android 的系统目录和 Linux 的系统目录是非常相似的。当然，如果在 Android 系统下创建了一个用于开发的软件，那么这个软件的目录与 Android 的系统目录是完全不同的。本书使用 Android Studio 来开发 Android 应用，Android Studio 为 App 创建的文件目录通常如下：

（1）res：Android 所需资源存放的文件夹，其中包含图标、布局等文件。

（2）java：Android 应用 Java 源代码所存放的文件夹。

（3）manifests：Android 应用的配置文件。

（4）assets：用于存放一些图片、网页等。

（5）Gradle Scripts：Android 应用在 Android Studio 中实际上是 Gradle 项目，这个文件夹中存放了有关 Gradle 的项目文件，比如 build.gradle 等。

Android App 的目录结构如图 1-2 所示。

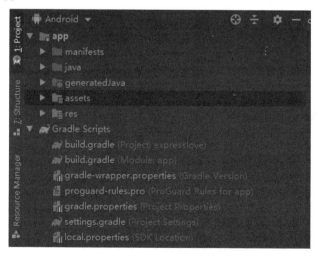

图 1-2　Android App 的目录结构

本书后面还会对这些文件夹的具体使用进行相应的讲解。

1.4 学习路径推荐

在学习 Android 移动应用的开发时，大家可能会感到疑惑：到底应该如何进行学习，应该学习什么知识？笔者在多年的学习和实践中总结出了一条易于入门 Android 的"路线"，本节简单介绍一下。

要开发 Android 应用，可以使用 Java 语言来描述程序中各个事件之间的逻辑。Java 是一种面向对象的语言，在软件开发中可以充分利用 Java 语言的面向对象特性设计出更好的软件架构，并采用优良的设计模式来增强软件的可靠性、易用性、高度定制性以及安全性。本书将介绍必要的 Java 知识，包括 Java 语言中的特性：封装、继承、多态等。

在学习 Android 移动应用开发的过程中，读者将会学习如何使用各种不同的组件来构建 Android 应用，同时了解不同的组件如何在不同的 Android 活动中进行通信，从而实现协同工作。

另外，在学习的过程中，如果遇到不懂的知识，可以到 Stack Overflow、GeeksforGeeks、CSDN 等各大论坛上去查询，或者直接阅读谷歌的 Android 开发者文档，如图 1-3 所示。

图 1-3　Android 开发者文档

Android 开发者文档中包含了 Android 相关知识的权威解释，有一些文档没有被翻译成中文，如果读者对英文不太熟悉的话也没有关系，可以直接使用在线翻译功能翻译英文内容。

　　了解了 Android 中的基本控件和组件之后，就可以学习各种不同的框架，比如谷歌公司的 Material Design 就是一个用于编写用户界面（UI）的框架，使用它只需输入简单的几行代码就能够生成精美的 Android 应用用户界面。这些框架是由一些经验丰富的程序设计人员编写的，同时提供了调用这些框架的接口，我们只要学会如何调用它们即可。

　　在学习程序开发的过程中，最好有一个自己的 GitHub 仓库。这样不仅可以把自己成功制作的作品上传到 GitHub 分享给别人，为开源世界做贡献，更重要的是，可以使用 GitHub 对代码进行版本控制和管理，同时还可以与自己的合作伙伴一起协同开发。一些开发者可能有这样的经历：某些曾经写过的代码很好用，自己的创意也很不错，但是经过修改之后，却发现自己再也不能回退到之前编写的那个版本了。对于这类问题，用 GitHub 来解决堪称"完美"，它可以帮助我们管理各个时期的程序版本。如果不使用 GitHub 作为版本控制和管理工具，那么拥有多人的团队就很难进行协同开发。比如团队中的不同人在同一时间分别修改了一个功能，程序合并在一起却会让整个 Android 应用崩溃。下面带大家了解一下GitHub，它的官方网站如图 1-4 所示。

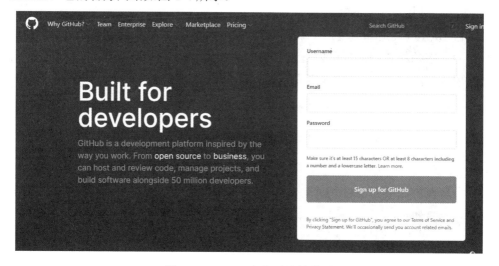

图 1-4　GitHub 官方网站的首页

　　要使用 GitHub，首先要在 GitHub 官方网站的首页输入自己的邮箱、用户名、密码来注册账号，注册成功之后就会在 GitHub 上拥有一个属于自己的公共软件仓库。如果我们把自己的软件仓库升级为 PRO 版本，就可以拥有自己的私人仓库，这样自己编写的一些代码就不会被别人看到。图 1-5 所示为谷歌官方开源的GitHub 仓库，很多谷歌开源的代码都可以在上面找到。

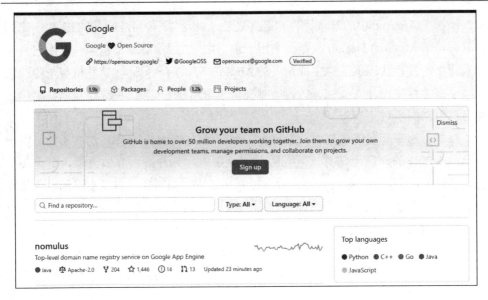

图 1-5　谷歌开源库

从图 1-5 中可以看到，谷歌的这个开源库一共有 1900 个项目（Repositories），有 1200 人对其做出了贡献。

在 GitHub 注册账号之后，就可以上传自己的项目了，上传的内容可以是自己写作的一些编程教程，也可以是自己完成的项目代码。一般情况下，可以先在自己的项目下执行如下命令对文件进行初始化：

```
git init
```

然后使用如下命令将项目中的所有文件添加到临时工作目录中：

```
git add .
```

接着执行如下命令将临时工作目录上传到相关的工作目录中，其后面的 pass 参数可以随便写：

```
git commit -m "pass"
```

最后使用 push 命令将工作目录上传到 GitHub 的 master 分支上，具体命令如下：

```
git push origin master
```

如果对这些命令不太熟悉，也可以不使用这些命令进行上传，而是在 GitHub 上创建自己的软件仓库之后，直接将自己计算机上的文件拖曳至 GitHub 的仓库中，如图 1-6 所示。

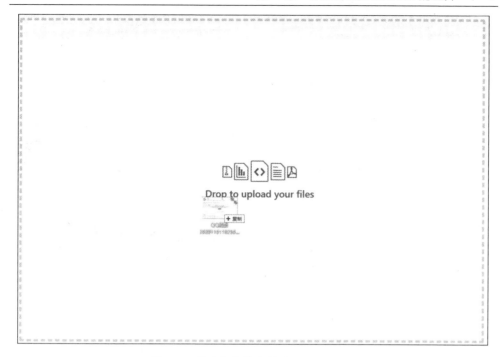

图 1-6　通过拖曳将文件上传至 GitHub

希望读者在后面的程序开发中，使用 GitHub 进行程序版本的控制和管理。
下一章将介绍 Java 开发环境的配置。

第 2 章
Java 基础环境搭建

本章主要介绍如何在个人计算机上安装 IntelliJ IDEA 和相应的 Java 开发环境，以及在学习 Android App 开发之前需要掌握的 Java 知识。

2.1 IntelliJ IDEA 简介

IntelliJ IDEA（简称 IDEA）是用于 Java 语言（也可用于其他语言）开发的集成环境，是用来编辑并运行代码的软件。它在业界被公认为最好的 Java 开发工具，在很多方面的功能是十分先进的。IDEA 是 JetBrains 公司研发的产品。一般而言，要学习基础的 Java 语言，就可以使用这个 IDEA，比使用命令行模式方便不少。当然，目前也有部分程序员使用 Eclipse，不过使用 IDEA 的程序员越来越多了。

2.2 JDK 简介

JDK 是 Java 语言运行的基础，我们首先需要在计算机上安装 JDK 才能让 IDEA 上编写的代码运行起来。因此，想要运行 Java 程序，IDEA 和 JDK 都是必不可少的，这里先安装好 JDK，再安装 IDEA，下面给大家演示一下如何安装 JDK。

2.3　JDK 的安装

首先通过百度搜索 jdk，如图 2-1 所示。

图 2-1　通过百度搜索 jdk

搜索之后单击第一个选项，进入 JDK 的下载页面，如图 2-2 所示。

图 2-2　Java SE（JDK）下载

进入这个页面之后单击 Oracle JDK 下方的 DOWNLOAD 按钮，出现如图 2-3

所示的页面。

图 2-3　JDK 下载

选中 Accept License Agreement 单选按钮，然后找到对应的 JDK 版本进行下载。比如笔者使用的计算机安装的是 64 位的 Windows 操作系统，因此下载列表中的倒数第二个 JDK。直接下载 EXE 可执行文件不需要解压，安装起来更加方便。

下载完成后，找到刚刚下载的 JDK 文件的路径，双击 EXE 文件开始运行这个 JDK 安装文件，随后会出现如图 2-4~图 2-7 所示的安装向导，建议在安装时选择非 C 盘的路径进行安装。

图 2-4　安装步骤 1

图 2-5　安装步骤 2

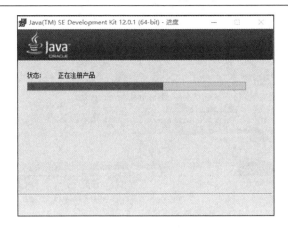

图 2-6　安装步骤 3

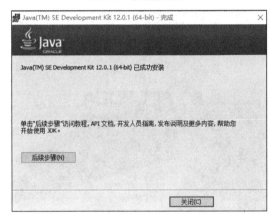

图 2-7　安装步骤 4

　　笔者选择了非 C 盘的路径进行安装，因此在出现安装步骤 1 时不是直接单击"下一步"按钮，而是单击"更改"按钮切换到 E 盘的路径下，并将所安装的文件夹命名为 jdk。当然，读者也可以根据自己的意愿对文件夹进行命名，需要注意的是，文件夹名最好不含空格、特殊符号以及中文等，以免发生一些不必要的错误。至此，JDK 安装成功，下面将开始 IntelliJ IDEA 的安装环节。

2.4　IntelliJ IDEA 的安装

　　安装 IntelliJ IDEA 的方法与之前安装 JDK 的方法类似，首先在百度上搜索 IntelliJ IDEA，得到如图 2-8 所示的页面。

图 2-8　在百度上搜索 IntelliJ IDEA

直接单击第一个链接，出现如图 2-9 所示的页面，然后单击 DOWNLOAD 按钮。

图 2-9　下载页面

接下来，单击 Community 下的 DOWNLOAD 按钮进行下载，如图 2-10 所示。

图 2-10　下载 IntelliJ IDEA

安装文件下载后，进入 IntelliJ IDEA 的安装环节。首先找到刚刚下载文件的路径，启动安装文件，随后出现如图 2-11 所示的安装向导，可直接单击 Next 按钮，如果需要改变安装路径，在如图 2-12 所示的向导中修改即可，改变之后再单击 Next 按钮。

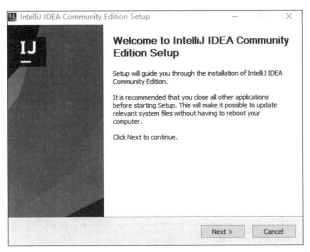

图 2-11　安装向导

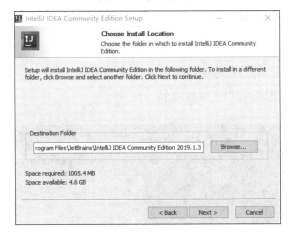

图 2-12　更改安装位置

在如图 2-13 所示的对话框中，如果计算机使用的是 64 位的操作系统，就勾选 64-bit launcher 复选框；如果计算机使用的是 32 位的操作系统，则勾选 32-bit launcher 复选框。下面的关联文件可以勾选 .java 复选框，其他的不需要选择。在安装向导的最后一步，如图 2-14 所示，由于是第一次安装，因此选择不引入以前的设置，单击 OK 按钮即可。

图 2-13　设置选项

图 2-14　是否引入之前的设置

马上就要大功告成了！我们来看看如何创建第一个 Java 项目。首先选择一个自己喜欢的编译器样式（见图 2-15），选择好之后，单击左下方的 Skip Remaining and Set Defaults 按钮即可创建 Java 项目。

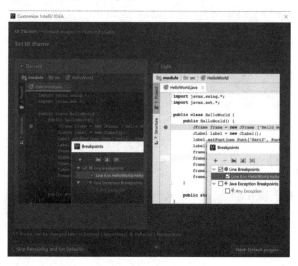

图 2-15　选择 IDEA 的颜色主题

现在开始创建一个新的 Java 项目，计算机界的惯例是编写一个"Hello World"项目。首先单击 Create New Project 按钮（见图 2-16），然后在弹出的 New Project 对话框的 Project SDK 下拉列表中选择 JDK（见图 2-17），之后才能运行创建的 Java 项目。选择 JDK 时要记住是我们之前安装的 JDK 的路径，不然系统会报错。

图 2-16　创建新项目

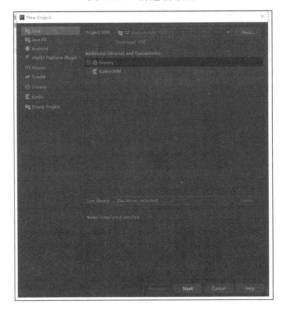

图 2-17　选择刚安装的 JDK

创建完成之后出现如图 2-18 所示的窗口。

图 2-18　运行"Hello World"项目

输入如下程序代码：

```
public class Main{
    Public static void main(String[] args){
        System.out.println("Hello World");
    }
}
```

单击左侧的绿色三角按钮即可运行。输出结果显示在如图 2-19 所示的终端中。

图 2-19　输出结果

这样第一个 Java 程序就运行成功了。接下来，我们对 Java 进行更为深入的介绍。

第3章

Java 语言基础

本章主要介绍 Android 开发所必备的 Java 语言编程基础知识。

3.1 基本数据类型

相信大家在上一章已经成功运行了第一个小程序"Hello World"，现在我们来看看下一个知识点。

在之前的程序中，System.out.println()其实是 Java 语言中一个用于打印字符串的语句，在括号中输入需要在控制台打印出来的文本，并用双引号引起来即可进行打印；{}（花括号）中的程序是每一个 Java 程序开始执行的地方，被称为主函数（方法），Java 程序会从这里开始运行，同时程序一般都是从上往下顺序执行的。如果想打印一个变量，应该怎么办呢？我们来看看下面的程序：

```java
public class Main {

    public static void main(String[] args) {
        int a;
        a=12;
        System.out.println("a 的值是: "+a);
    }
}
```

这里首先在主函数下定义了一个变量 a，int 表示定义的变量为整数类型，整数类型所代表的变量在 Java 中叫作"整数类型变量"，因此 a 是一个整数类型变量。Java 语言规定，想要使用一个变量必须先定义它，就像我们在列方程时要想解得未知数则必须先将其列出来一样。在程序的每一行代码的结尾处都需要加上一个分号，表示一条语句已经结束了，这时计算机才会开始执行第二条语句，这也是 Java 语言的特点之一。假设之前的 int a 是程序的第一行，那么程序的第二行是对整型变量 a 进行赋值，让它存储的整数数值为 12。在计算机中都是从赋值号（即等号）的右边向左边赋值，将赋值号右边的数值赋给赋值号左边的变量，顺序不能反过来，不然可能会发生"机毁人亡"的报错事件。第三行依然采用 System.out.println()输出数字和字符串，字符串代表的是字母、中文、特殊符号等字符。如果想要输出变量，就需要在字符串之后输入一个"+"才能够输出后面的变量。最后单击"运行"按钮，就可以得到控制台下的输出"a 的值是：12"了。这说明 12 已经赋值给变量 a 了。

提　示

在写输出语句时，不仅可以使用一个"+"，也可以用多个"+"输出不同的变量。同时，在写 System.out.println()这条语句时，输入 sout 后按回车键即可输入整条语句。这是编译器 IDEA 自带的快捷编程功能，也是它的强大之处。

刚才介绍了整型变量的定义方式，现在来看看其他类型的变量如何定义。整型变量难道只有 int 一种类型吗？

其实，Java 中共有 9 种数据类型，分别如下：

（1）整数类型：byte、short、int、long。
（2）浮点类型：float、double。
（3）字符类型：char、string。
（4）布尔类型：boolean。

一般来讲，整数类型使用的是 int 类型，如果对保存的整数有特殊需求，则可以根据需要使用其余三种整数类型。浮点类型是用来保存小数的数据类型，浮点类型一共有两种，double 指的是双精度浮点类型，而 float 是指单精度浮点类型，double 类型的精度比 float 类型的精度高，也就意味着前者的小数点后面的数字可以保留更多个。字符类型用来保存字符串，比如刚才在程序中打印的"a 的值是："这个字符串就是一个典型的 string 类型。而 char 数据类型只能保存一个字符，比如'a'，且表示为 char 的字符类型需要用单引号引起来，string 则需要用双引号引起来。对于布尔类型而言，其变量只能够保存 true 和 false 两个值之一。我们来看一个 string 类型和 double 类型的例子：

```
public class Main {

    public static void main(String[] args) {
        int a;
        a=12;
        double b=13.11111;
        string c="我是一个安卓开发者啦啦啦";
        System.out.println("a 的值是: "+a);
        System.out.println("b 的值是: "+b);
        System.out.println("c 的值是: "+c);
    }
}
```

运行后的输出为：

a 的值是: 12
b 的值是: 13.11111
c 的值是: 我是一个安卓开发者啦啦啦

从上面的示例可以看到，可以在定义变量的同时，直接在变量后面写上要给变量赋的初值，这样编写程序很方便。也就是说，可以将 double b 以及 b=13.11111 两条语句编写到一行中，就变成了 double b=13.11111。

3.2　循环

本节将学习 Java 程序中的循环。首先我们来看下面这个程序：

```
public class Main {

    public static void main(String[] args) {
        System.out.println("你好，世界！！");
        System.out.println("你好，世界！！");
        System.out.println("你好，世界！！");
        System.out.println("你好，世界！！");
        System.out.println("你好，世界！！");
        System.out.println("你好，世界！！");
    }
```

```
}
```

显然，这个程序的输出结果为：

你好，世界！！
你好，世界！！
你好，世界！！
你好，世界！！
你好，世界！！
你好，世界！！

有没有更简便的方法来完成这个输出呢？Java 语言给我们提供了一个强大的语法——for()循环。我们来看看下面这个程序是如何简化上面的输出的：

```
public class Main {

    public static void main(String[] args) {
        for(int i=0;i<=5;i++)
        {
            System.out.println("你好，世界！！");
        }
    }
}
```

输出结果为：

你好，世界！！
你好，世界！！
你好，世界！！
你好，世界！！
你好，世界！！
你好，世界！！

我们发现可以组合使用 for()循环和 System.out.println()进行输出，只使用 System.out.println()完成"你好，世界！！"的 6 次输出则需要编写 6 条 System.out.println()语句，而采用 for()循环则仅需要编写一条 System.out.println()语句。因此，可以知道之前使用的 for()循环语句让 System.out.println()执行了 6 次，在 for()函数的循环中将 i 的初始值定义为 0，然后每执行一次循环就判断 i 是否小于等于 5。如果是，i 就加 1，而后再次执行循环，执行第一次循环之后 i 的值就变成 1 了，因为在 for 循环语句的最后面使用了 i++，意思是每执行一次循环 i 变量就会增加 1。我们来看看这是怎么执行的。首先 for()循环的语法是：

```
for (init; condition; increment)
```

```
{
    //中间编写需要执行的语句，从上往下按序执行
    //备注：这里是注释，前面输入两个斜杠，程序会跳过这里继续运行
}
```

程序执行的流程如下：

（1）init 会最先被执行，这里一般用于写循环的初始控制变量，之前程序写了
int i=0。当然，这里也可以什么都不写。

（2）condition 用于判断。如果判断成功，就执行 for 循环体内的语句；如果
不符合判断的条件，就不执行 for 循环体内的语句，并且程序会跳转到紧接着 for
循环右花括号外的下一条语句。

（3）在执行完 for 循环主体后，程序会跳转到上面的 increment 语句。这个语
句主要用于循环变量的增加，比如 i++表示循环一次 i 增加 1。

（4）条件再次被判断。如果判断成功，就执行 for 循环，这个过程会不断重
复；在条件判断不成功时，for 循环终止。

我们再通过一个程序来增进对 for 循环的理解：

```java
public class Main {

    public static void main(String[] args) {
        int i=0;
        for(;i<=5;i++)
        {
            System.out.println("i 的值是: "+i);
        }
        System.out.println("循环终止");
    }
}
```

输出结果为：

i 的值是: 0
i 的值是: 1

i 的值是：2
i 的值是：3
i 的值是：4
i 的值是：5
循环终止

在这段 Java 程序中，我们可以看到 i 从 0 开始一直循环增加到 5，当 i 增加到 6 时，由于 condition 语句限定了 i<=5，这时已经大于 5，因此判断的结果为 False （假），跳出循环，来到 for 循环体外的下一条语句中，输出"循环终止"的提示信息。

Java 语言还有两种循环，分别为 while 循环和 do while 循环。

3.3　条件语句

3.3.1　if 语句

条件语句等价于 if 语句，if 语句的语法为：

```
if(condition)
{
    //do something
}
```

很好理解，如果 if 语句括号中的 condition 判断成功（条件的值为真，即 True），就会执行 if 语句体，也就是花括号中的语句。我们来看一个简单的例子：

```
public class Main {

    public static void main(String[] args) {
        int i = 0;
        if(i<0)
        {
            System.out.println("i 的值小于零");
        }
        if(i==0)//注意这里有两个等号
        {
            System.out.println("i 的值等于零");
        }
        if(i>0)
        {
```

```
            System.out.println("i 的值大于零");
        }
    }
}
```

最后的输出结果为：

i 的值等于零

if 语句的应用还算简单。在这个例子中，首先将 i 的值设定为 0，然后下面列出了三个条件，哪一个条件在 if 语句里从上到下判断成功了，就会执行哪一个 if 语句中的程序语句。在上面的程序中，假设输入的 i 小于 0，那么第一个 if 语句判断成功，输出"i 的值小于零"。但是，在程序中我们设定 i 的值是 0，程序首先进入第一个 if 语句判断 i 是否小于 0，发现 i 不小于 0，因此进入下一个 if 语句，判断 i 的值是否等于 0，发现 i 的值正好等于 0，然后开始执行这个 if 条件语句中的代码。最后程序运行到第三个 if 语句，i 的值并没有大于 0，程序判断失败，不执行第三个 if 语句中的代码。编写 if 条件语句的方式是 if(){}，小括号中表示进行判断的条件，大括号中表示判断成功后需要执行的代码。在这里，我们又引入了新的概念，那就是运算符。在 if 后面的小括号中我们通常会添加比较运算符、逻辑运算符等，一旦判断为真（True，即判断成功）就会执行 if 语句内的程序语句，如表 3-1 所示。

表 3-1　运算符及其含义

运　算　符	含　义	示　例
==	等于	a==b
!=	不等于	a!=b
>	大于	a>b
<	小于	a<b
>=	大于或等于	a>=b
<=	小于或等于	a<=b

以上是比较运算符的具体含义，我们可以在 if 语句中使用它们。下面再来看看 if 语句的另一个用法——if-else 语句。

3.3.2　if-else 语句

首先我们改写上一个程序的语句，把后面两个 if 语句合并为 else 来表示：

```
public class Main {
```

```
    public static void main(String[] args) {
        int i = 0;
        if(i<0)
        {
            System.out.println("i 的值小于零");
        }
        else
        {
            System.out.println("i 的值大于等于零");
        }
    }
}
```

最后的输出结果为：

i 的值大于等于零

从这个程序中看到，if-else 通常可以理解为如果满足了什么条件，就进行某种处理，否则进行另一种处理。在英语中 if 是"如果"的意思，else 是"其他"的意思。所以这个程序最先设定 i 的值为 0，通过这个语句可以判断 i 不符合第一个 if 语句的条件，i 并没有小于零，因此会执行 else 中的语句。除了这种语法之外，还有一种关于 if 的语法，即 if-else if 的多分支语句。

3.3.3　if-else if 语句

这种多分支的语句其实与使用多个 if 语句有所不同，我们尝试下面的写法来替换上一小节中的程序：

```
public class Main {

    public static void main(String[] args) {
        int i = 0;
        if(i<0)
        {
            System.out.println("i 的值小于零");
        }
        else if(i==0)//注意这里有两个等号
        {
            System.out.println("i 的值等于零");
        }
        else if(i>0)
        {
```

```
                System.out.println("i 的值大于零");
            }
        }
    }
```

最后的输出结果为：

i 的值等于零

这个程序的执行结果和上一小节给出程序的执行结果是一样的。但是其实现原理和多个 if 语句连续使用有很大的区别。使用 if-else if 语句只会对其中的一个条件分支进行输出，哪一个条件最先判断成功就输出哪一个条件，然后程序终止，并不会对后面的条件语句继续进行判断。当然，条件语句还有一种语法在 Android 开发中运用得较多，那就是 switch 语句。我们来看一下 switch 语句的例子，当出现多个条件判断时使用这个语法会更加方便，可以避免因使用太多的 if 语句而出现括号太多的混乱。

3.3.4　switch 语句

下面我们来看 switch 语句的使用：

```java
public class Main {

    public static void main(String[] args) {
        int i = 0;
        switch (i)//switch 语句中放入需要进行匹配的变量
        {
            case -1://将我们放入的变量和 case 后面的值进行比较，如果相同就执
行后面的语句
                System.out.println("i 的值为：-1");
                break;//执行完之后，跳出整个 switch 循环，执行循环后面的语句
            case 0:
                System.out.println("i 的值为：0");
                break;
            case 1:
                System.out.println("i 的值为：1");
                break;

            default://如果没有任何一个值与 case 中的匹配，就执行 default
语句下的程序
                System.out.println("我也不知道 i 的值为多少");
        }
```

```
    }
}
```

最后输出结果为：

i 的值为：0

从这个程序中可以看到，首先将变量写在了 switch 语句的前面，然后将变量放入 switch 语句中进行判断，每一个 case 都是一个进行判断的分支，只有一个 case 能够判断成功，然后执行那个判断成功的 case 下的程序语句。我们首先将一个整数变量 i 设定为 0，然后在下面的判断中正好有一个 case 对应值为 0 的情况，于是程序开始执行 case 0 下方的程序语句，执行完之后跳出这个 switch 语句，开始执行整个 switch 语句块下方的程序语句。当然，这里在 switch 下方并没有新的程序语句，因此这个程序就执行完了。以上就是 switch 的妙用，我们会在 Android 开发中遇到这个语法。

3.4 数组

Java 中为什么会有数组这个概念？我们来看下面的例子。假设一个年级有 1000 个学生，每一个学生都有自己的成绩，想要求出这些学生的平均成绩，难道需要在计算机中创建 1000 个 float 类型或者 int 类型的变量来记录这些学生的成绩吗？这样未免太麻烦了：第一，创建了过多的变量不好进行有效的管控；第二，并没有体现出这些变量之间的共同属性，创建的变量所表示的成绩都是每个学生的成绩，而不是老师和教授的成绩。因此，在 Java 中，可以使用数组这个概念完美地解决这类问题。一般情况下，对一个数组对象进行定义有下面两种方法：

- type[] 数组名称;
- type 数组名称[];

这两种方法得到的效果是一样的，只是写法不同。type 表示所创建数组的具体数据类型，比如创建一个 int 类型的数组，数组名称为 arr，就可以写成：

```
int[] arr;
```

或者

```
int arr[];
```

数组在定义了之后，就可以进行初始化了，初始化数组的语法为：

```
数组名称 =new type[]{元素 1，元素 2，元素 3...};
```

如果定义了整数类型的数组，那么应该写成：

```
arr =new int[]{元素 1，元素 2，元素 3...};
```

数组的定义和初始化其实与之前定义一个整数类型的变量之后再初始化十分类似，我们之前是这样操作的：

```
int i;
i=123;
```

现在是这样操作的：

```
int arr[];
arr=new int[]{1,2,3,4,5};
```

当然，之前的示例中提到过对整数类型变量的定义和初始化可以写成：

```
int i=0;
```

所以数组类型的变量也可以写成下面这样，即将两行代码合并成一行，这样操作起来会更加方便。

```
int arr[]=new int[]{1,2,3,4,5};
```

或者

```
int[] arr=new int[]{1,2,3,4,5};
```

下面我们来看一个数组初始化的例子：

```
public class Main {

    public static void main(String[] args) {
        int arr[]=new int[]{13,24,31,42,53,65};
        for (int i=0;i<=5;i++)
        {
            System.out.println("数组当中的第"+(i+1)+"个值为："+arr[i]);
        }
    }
}
```

输出结果为：

数组当中的第 1 个值为：13
数组当中的第 2 个值为：24
数组当中的第 3 个值为：31
数组当中的第 4 个值为：42
数组当中的第 5 个值为：53
数组当中的第 6 个值为：65

如果想要连续输出数组中的值，那么第一个元素所对应的索引是 0 而不是 1。索引的意思是这个数组中某个值在数组中的位置，也称为下标。在 Java 中调用数组中的第 i 个元素需要使用中括号，比如使用 arr[i-1]就可以存取数组 arr 中的第 i 个值（记住数组的元素的索引值是从 0 开始的）。

举一个例子，程序中的 arr[1]并不是 13 而是 24，因为每一个数组的索引值都是从 0 开始的。数组中第一个元素的值是 13，用数组的索引值来存取这个元素的话就是 arr[0]。在数组中可以用一连串的数据来存储某个类型数据的集合，只需要把这个集合中具体的索引值输入中括号内，程序就知道想要存取数组中哪一个元素的值。

以上就是 Java 的基本知识，从下一章开始进入面向对象编程的学习。面向对象编程在 Java 和 Android 中都十分重要，在 Android 开发中我们使用的基本上都是面向对象的编程范式。

第**4**章

面向对象编程

本章主要在 Java 语言的基础上介绍面向对象编程的相关知识。面向对象的特性可以说贯穿于整个 Android 开发过程中。如果读者觉得本章的内容理解起来比较困难，也可以跳过，直接阅读 Android 开发的部分，之后在 Android 开发的部分再根据具体的内容来补充面向对象编程的相关知识。

4.1 面向对象简介

Java 语言是面向对象的编程语言，和 C 语言有一定的不同，C 语言中没有"类"这种数据结构，或者说这种编程思想，而 Java 语言具备"类"这种数据结构，因此也就可以进行面向对象编程。

可以把面向对象编程的思想引入平时的生活中，编程也是对我们平时生活中抽象概念的一个写照。比如人可以被称作一个类，因此人这个大类才可以被叫作"人类"，但在生物界中除了人类还有其他的动物，比如猫类、鼠类等。每一个类都具备自己的固有属性，比如人类拥有一个智慧的大脑、一双勤劳的双手，而这些固有属性是猫和鼠所不具备的，猫和鼠却有锋利的爪子。每一个类除了自己固有的属性之外，还具备方法（method），或者说能够利用这些固有属性完成的事、执行的动作，比如人可以利用双腿这一属性直立行走，也可以利用双手（属性）编写代码，直立行走和写代码都是人类所具有的特殊方法，猫和狗则不可以直立行走和写代码。猫可以用锋利的爪子（属性）把人类抓伤，这是猫所具备的特殊方法。

当然，除了"类"的思想外，还需要具备有关"对象"的思想，我们人类是由很多人共同构成的一个类，可以称每一个人为一个对象，众多的对象构成了一个类，就像世界上 70 亿不同的人构成了整个人类一样。对于猫也一样，雌雄不同、大小不一的猫构成了一个猫的大类，每一只猫都可以称为一个对象，每一个对象除了类所固有的属性之外，还有一些自己特殊的属性，比如有的猫的毛发是花色的，而有的猫则是纯白色的。从概念上来讲，对象是由类实例化而来。因此，每一个类都具备自己的属性和方法，也可以对一个类实例化出它的对象。

在 Java 语言编程中是一样的，我们可以首先定义一个类，然后定义它的方法和属性。当然，在编写代码的过程中，一个类并不一定需要属性或者方法，我们需要根据具体情况具体分析，而对象由一个类实例化出来。

如图4-1所示，有两个不同的类，分别是"人类"和"猫类"，每个类别下都有不同的人和不同的猫，每一个人都具有自己不同的属性和方法，猫也是如此，相信读者看了这个树状图就能够充分理解面向对象的编程思想。

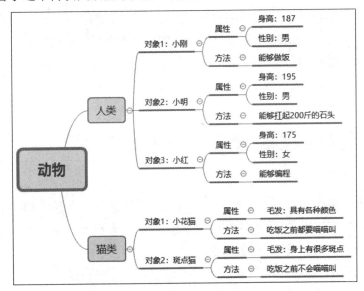

图 4-1　树状图图例

4.2　定义类

在 Java 中定义类的语法如下：

```
[修饰符] class 类的名字
```

```
{
//这里可以编写构造器的定义、成员变量（属性）、方法等的定义
}
```

常见的定义类的修饰符有public、protected、private，一般情况下会使用public来作为修饰符。public 表示在其他的类中也可以对这个类中的方法进行调用。

我们再来看一个具体的例子。首先打开编译器，Main 类中的代码为：

```
public class Main {

    public static void main(String[] args) {
    System.out.println("这是我们主类中的主方法，程序先从这里开始执行\n");
    }
}
```

然后准备新建一个类，类的名称可定义为 Cat。在 IDEA 编译器中，最好将两个不同的类编写到不同的文件中，因此下面再创建一个文件用于编写 Java 新类 Cat。

步骤01 将鼠标移动到左边的 Project 任务栏下，右击 src，在弹出的快捷菜单中单击 New，然后单击 Java Class，如图 4-2 所示。

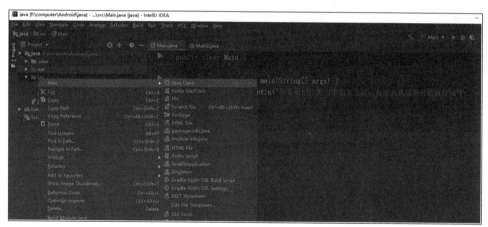

图 4-2　单击 Java Class

步骤02 将新建的 Java 类命名为 Cat，然后单击 OK 按钮，如图 4-3 所示。

图 4-3　Create New Class 对话框

提 示

在进行类的命名时，要注意类名一般是由字母和数字所构成的组合，第一个字母一般为大写，并且第一个字符不能够是数字。

这样类 Cat 就创建好了。在新创建的类下可以看到程序已经把类最初的代码写好了，代码如下：

```
public class Cat {

}
```

虽然创建好了类，我们暂时将它放在这里不动。现在来学习一下有关"方法"的相关概念，稍后对类的编写会用到"方法"这个思想。

4.3 方法简介

回到主类 Main 类中编写代码。在 Java 语言中，"方法"其实和 C 语言以及 Python 语言中"函数"的功能类似，使用起来是一样的，因此有些人也将 Java 中的"方法"称为"函数"。一般在 main（主函数，也称为主方法）之外编写方法，然后就可以在 main 中调用方法，让方法可实现重复调用，提高代码的重复利用率。下面通过一个例子来理解什么是 Java 中的方法：

```
public class Main {

    public static void main(String[] args) {
        haha();
    }
    public static void haha()
    {
        System.out.println("这个是 haha 方法中的数值\n");
    }
}
```

最后的输出为：

这个是 haha 方法中的数值

从这个例子中可以看出使用 Java 方法的语法为：

```
public static void 方法名()
```

```
{
//其中编写具体的程序语句
}
```

由此可见，在 Main 类中有一个主方法 public static void main(String[] args)，以及在 Main 类中所定义的 haha()方法，全部写完则为：public static void haha()，每一个方法都可以在另一个方法中调用，就像我们首先在 main()方法中定义了一个haha()方法，然后在 main()方法中调用 haha()方法，输出字符串"这个是 haha 函数中的数值"。

当然，定义 Java 方法的语法不仅仅有使用"public static void 函数名()"的形式，还有一种形式是"public void 方法名()"，使用这种形式一般是在另一个类中进行定义，而在本类中定义方法一般需要加上 static 这个关键字。

最后，读者可能对后面的"\n"表示不太理解，其实这个在 Java 中很常见，是一个转义字符，意思是在输出之后另起一行进行下一次输入。示例如下：

```
public class Main {

    public static void main(String[] args) {
        haha();
    }
    public static void haha()
    {
        System.out.println("这个是 haha 方法中的数值\n");
        System.out.println("这个是我们另起一行的输出");
    }
}
```

输出为：

这个是 haha 方法中的数值

这个是我们另起一行的输出

从这个输出结果中可以看出，第二个输出已经另起一行了，而不是两行连接在一起。如果没有转义字符"\n"的话，我们的程序将会变成这样：

```
public class Main {

    public static void main(String[] args) {
        haha();
    }
    public static void haha()
```

```
    {
        System.out.println("这个是 haha 方法中的数值");
        System.out.println("这个是我们另起一行的输出");
    }
}
```

最后的输出显然为：

这个是 haha 方法中的数值这个是我们另起一行的输出

我们可以很明显地看出其中的区别。

4.4　方法的语法

前面已经了解 Java 方法的基本使用，下面再来详细了解其语法。这里有一种新的语法，叫作方法的参数传递机制，意思是在每一个方法的括号中可以写上一个或多个形参变量（用于接收在调用方法时传递进来的数值或者字符串等），然后将通过形参变量传递进来的数值或字符串在已经定义的方法中进行处理。现在我们来看一个例子：

```
public class Main {

    public static void main(String[] args) {
        haha(123);//在调用方法时写入实际参数，然后这个实际参数将会传递给形式
参数，进入方法内部进行相应的处理
    }
    public static void haha(int a)//在方法之后写上形式参数
    {
        System.out.println("传递进 haha 方法中的数值为："+a);

    }
}
```

最后的输出为：

传递进 haha 方法中的数值为：123

可以看到的是，开始在 main()中调用 haha()方法时，括号中写了一个数字"123"，这个数字是方法中的实际参数，这个参数将会传递到 haha()方法中，通过形式参数"int a"来接收，这个字母 a 可以自己随便定义，也可以定义为 int b，

表示传递进来的是一个整数类型的变量，之后在 haha()方法中调用 b 不调用 a 就可以了。接收之后，haha()方法就拥有了存取形式参数值的权限。形式参数的格式是"数据类型+变量名"，且可以不局限于一个。下面再来看一个方法中接收含有多个参数的例子：

```
public class Main {

    public static void main(String[] args) {
        haha(123,456,"我是 Android 开发者");//在调用方法时写入实际参数，然
后这个参数将会传递给形式参数，进入方法内部进行相应的处理
    }
    public static void haha(int a,int b,String c)//在方法之后写上形式
参数
    {
        System.out.println("传递进 haha 方法中的数值为："+a+" "+b+" 以及
"+c);

    }
}
```

最后的输出为：

传递进 haha 方法中的数值为：123 456 以及 我是 Android 开发者

很显然，由于在下面的 haha()方法中定义了三个不同的变量，前面两个字母代表的是整数类型的变量，后面一个字母代表的是字符串变量，实际参数中也分别传递进入了三个不同的数据——"123""456""我是 Android 开发者"。学习了形式参数和实际参数的使用之后，我们再来看下一个语法——方法的重载。

4.5　方法的重载

有时可能遇到这种情况：如果有几个不同的实际参数，但是我们却想调用同一个方法，应该怎么办呢？在 Java 中是允许方法名相同，但是形式参数不同的方法，这种方式称为方法的重载。我们来看一个例子：

```
public class Main {

    public static void main(String[] args) {
        haha(123,456,"我是 Android 开发者");//在调用方法时写入实际参数，然
```

后这个参数将会传递给形式参数，进入方法内部进行相应的处理

```
        haha();
    }
    public static  void haha()
    {
        System.out.println("这是一个无参数的方法");
    }

    public static void haha(int a,int b,String c)//在方法之后写上形式
参数
    {
        System.out.println("传递进 haha 方法中的数值为："+a+" "+b+" 以及
"+c);

    }
}
```

很显然，最后的输出为：

传递进 haha 方法中的数值为：123 456 以及 我是 Android 开发者
这是一个无参数的方法

开始调用了带有参数的方法，因为在主方法（即主函数）中调用 haha 方法时写入了三个参数，与之前的例子中所调用的参数是相同的。之后再次调用了 haha 方法，但是这次并没有在括号中写上实际参数，因此程序自动将 haha 方法匹配到无参数的方法，然后执行无参数方法中的程序语句。有关方法的概念已经讲解得差不多了，现在在我们正式开始学习"类"，也就是学习面向对象的编程。

4.6 编写属于自己的类——Cat

前面在讲解 Java 方法之前，已经创建了一个 Cat 类，现在我们需要填补 Cat 中的代码。在新建的这个类中，方法可以去掉 static 这个关键字，因为这是在另一个类中编写的，并没有在主类中编写，只有在主类中定义的方法才需要 static 关键字。另外，需要说明的是，我们在另一个类中所定义的成员变量一般前面会加上 public，表示可以在主类中被调用，方法也同理。我们来看一个例子：

```
public class Cat {
    public String name;//定义成员变量 name，前面的 public 表示这个属性可以
在另一个类中调用
```

```
public String color;//定义成员变量color
public int age;          //定义成员变量age
public void eat()//定义猫类能够执行的方法，void表示这个方法没有返回值
{
    System.out.println("小猫"+name+"正在吃东西");
}
public void saycolor()
{
    System.out.println("小猫"+name+"的颜色是"+color);
}
public void sayage()
    System.out.println("小猫"+name+"的年龄是"+age);
}
}
```

　　由于我们规定了主方法在 Main 类中进行实例化，因此在 Main 类中就可以通过主方法调用 Cat 类的属性和方法，而在 Cat 类中就是定义的 Cat 属性和方法。下面来看主方法中如何对 Cat 类进行对象的实例化。

```
public class Main {

    public static void main(String[] args) {
        System.out.println("这是我们主类中的主方法，程序先从这里开始执行
\n");
        Cat cat1=new Cat();   //这里创建一个Cat类中的对象cat1
        cat1.name="小花";      //给cat1命名
        cat1.age=12;          //给cat1添加年龄
        cat1.color="蓝色";     //给cat1添加毛色
        cat1.saycolor();      //执行刚刚在Cat类中所定义的方法
        cat1.sayage();
        cat1.eat();
    }
}
```

最后输出结果是：

这是我们主类中的主方法，程序先从这里开始执行

小猫小花的颜色是蓝色
小猫小花的年龄是 12
小猫小花正在吃东西

怎么样，很神奇吧？我们可以看到在两个不同的文件中，Main 类竟然通过某

种关联打印出了另一个文件中所定义的猫类的属性，同时也能够执行猫类中的方法。一般来讲，如果我们想要调用自己定义的另一个类中的方法，就需要创建一个对象，在一个大类中将一个对象实例化出来，比如将"猫"类中的一只猫拿出来，这个过程就是对象的创建。在 Java 编程中，这个过程是在主方法中实现的。首先我们来看新建对象的语法：

```
类的名称 对象名=new 类的名称();
```

由于之前已经编写了 Cat 这个类，假设需要创建的对象名称为 cat1，这个名称是可以自行定义的，因此将上述中文形式替换为：

```
Cat cat1=new Cat();
```

有了对象之后，就可以调用 Cat 中的各种方法和属性了。因为 cat1 一定属于 Cat 这个大类，所以这个 cat1 将会拥有这个大类所具有的全部属性和方法。如果要给 cat1 的某个属性赋值，那么可以使用"cat1.属性=xxx"这个语法进行赋值，xxx 可能是字符串，也可能是数字；如果需要调用 cat1 已经具备的某个方法，那么使用"cat1.方法()"的形式进行调用。这时再回过头来看刚才的程序，是不是对它的理解清楚许多了呢？当然，在 Android 开发中还会遇到类的继承和接口有关的概念。下面我们来看什么是类的继承和接口，只需了解即可。

4.7　类的继承

在 Android 开发中，不少情况下会遇到类的继承，下面我们就来了解一下什么是类的继承。假设之前已经定义了一个 Cat 类，那么在这个类下还可以继续创建一个类，这个类会继承 Cat 类的所有特点，同时拥有一些自己独特的特点，我们将这个类称为子类，原本的 Cat 类可以被称为父类。我们根据以往的做法，在一个新的文件中创建一个新的类，名称为 SmallCat，中文名为"小猫"，我们可以形象地把它理解为 Cat 类的儿子。Java 的继承由关键字 extends 来实现，继承的基本语法如下：

```
修饰符 class 类名 extends 父类名
{
//子类中需要定义的属性和方法
}
```

Java 的继承有如下特点：

（1）一个父类可以有很多子类，但一个子类只有一个父类。

（2）Java 中只支持单继承，即一个只能从一个父类那里继承，而不能从多个父类那里继承。不过，Java 可以通过接口间接实现多重继承。

（3）子类拥有父类所有的属性和方法。

（4）子类可以作为父类的扩展，增添新的属性和方法。

下面我们来看一个例子，新建一个类 SmallCat，创建完后的程序编辑窗口如下：

```
public class SmallCat {

}
```

我们需要在这个类的后面写上继承父类的语法，写好的继承如下：

```
public class SmallCat extends Cat{

}
```

程序没有任何报错，说明我们写对了。由于这个类已经继承了父类 Cat 的所有特点，其中 Cat 类是我们之前已经编写好的类，而不是新建的。这里同时对新创建的子类中的内容进行补充，在子类中添加 neweat() 方法，这个方法和父类中的任何方法都不相同，因此这个方法可以视为对父类中方法的补充和扩展。编写子类的代码如下：

```
public class SmallCat extends Cat{
   public void neweat()
   {
       System.out.println("小猫的儿子小猫开始吃饭了\n");
   }
}
```

然后改写主类中的代码，实例化属于 SmallCat 的对象 cat2：

```
public class Main {

    public static void main(String[] args) {
        System.out.println("这是我们主类中的主方法，程序先从这里开始执行
\n");

        Cat cat1=new Cat();//这里创建一个 Cat 类中的对象 cat1
        cat1.name="小花";    //给 cat1 命名
        cat1.age=12;        //给 cat1 添加年龄
        cat1.color="蓝色"; //给 cat1 添加毛色
```

```
        cat1.saycolor();    //执行刚刚在 Cat 类中所定义的方法
        cat1.sayage();
        cat1.eat();
        //开始创建小猫的第二个对象，由子类 SmallCat 进行实例化
        SmallCat cat2=new SmallCat();
        cat2.name="小花的儿子";//由于子类继承了父类所有的属性和方法，因此我
们也可以对父类的属性和方法进行改写
        cat2.age=4;
        cat2.color="蓝色";
        cat2.saycolor();//执行刚刚在 Cat 类中所定义的方法
        cat2.sayage();
        cat2.eat();
        cat2.neweat();   //子类中额外的方法
    }
}
```

输出结果为：

小猫小花的颜色是蓝色
小猫小花的年龄是 12
小猫小花正在吃东西
小猫小花的儿子的颜色是蓝色
小猫小花的儿子的年龄是 4
小猫小花的儿子正在吃东西
小猫的儿子小猫开始吃饭了

我们可以从这个结果中看到，由子类所生成的对象可以借用父类中所有的属性和方法，同时扩展属于自己的方法。当然，也可以不局限于扩展父类的方法，直接改写父类的方法进行方法的重载。重新编写子类的代码如下：

```
public class SmallCat extends Cat{
    public void eat()
    {
        System.out.println("小猫吃肉肉");

    }

    public void neweat()
    {
        System.out.println("小猫的儿子小猫开始吃饭了\n");
    }
}
```

我们重新写了一个 eat()方法，只是这个方法和父类的 eat()方法中的内容有所不同，方法重写也被称为方法覆盖。由于我们已经把父类中的方法进行了改写，因此凡是由子类所创建出来的对象，这个对象一旦调用 eat()方法，只会调用已经被我们所重写的子类中的 eat()方法，而不会执行父类中的 eat()方法。我们不改动主类中的代码，单击"运行"之后，来看看运行的结果：

小猫小花的颜色是蓝色
小猫小花的年龄是 12
小猫小花正在吃东西
小猫小花的儿子的颜色是蓝色
小猫小花的儿子的年龄是 4
小猫吃肉肉
小猫的儿子小猫开始吃饭了

十分明显，代码中的 cat2.eat()方法因为已经在子类中被重写了，所以自然就只会调用已经被重写的 eat()方法，而不是调用父类中原本的 eat()方法。最后 cat2.eat()输出的是"小猫吃肉肉"，而不是"小猫小花的儿子正在吃东西"。学到这里，读者应该已经了解到继承是怎么使用的了。我们再来了解一下构造器，也叫作构造方法或构造函数。

4.8　构造器

构造器的名字必须和所在类的名字一致，不能在其中声明 void，访问权限可以为任意，可以是 public，也可以是 protected 或者 private。但是一般情况下使用 public 权限，构造器中的形式参数可以根据需要自行定义，参数不同的构造器就是构成器的重载，就像之前所遇到的方法重载一样。其中构造器的名字和类名相同，也就是在类中和类名相同的方法一定是构造方法，即构造器。比如之前我们创建了 Cat 类，那么构造器的名称也应该叫作 Cat。

构造器什么时候会被调用呢？当程序中没有编写构造器时，Java 会自动创建构造器，但是不会通过这个构造器执行任何语句，而且即使已经被创建和调用，我们并不能够在程序中看到它，因为它只会在 Java 内部运行，并在通过类实例化对象的时候自动被调用。如果想要更改和重写这个构造器，则可以在定义的类中重写这个构造器（构造器名和类名一致）。如果不重写这个构造器，它不会做任何事，也不会执行任何代码，在 Java 内部只会体现出一个构造器被创建的过程，而这个过程我们是观察不到的。如果我们已经自定义了一个构造器,在其中也编写了相应自定义的程序语句,那么一旦 Java 程序中创建了该类所实例化的对象,就会立马执行这个自定义构造器中的程序语句,因为我们已经将这个一定会被执行的构造器进行了重写。

下面来看一个有关构造器的例子,首先对 Cat 类的代码进行一定的改动:

```
public class Cat {
    public String name;        //定义成员变量 name
    public String color;       //定义成员变量 color
    public int age;            //定义成员变量 age
    public Cat()               //增添下面这一段代码,这就是我们的构造器
    {
        System.out.println("这个是构造器中的代码");

    }
    public void eat()          //定义猫类都能够执行的方法
    {
        System.out.println("小猫"+name+"正在吃东西");
    }
    public void saycolor()
    {
        System.out.println("小猫"+name+"的颜色是"+color);
    }
    public void sayage()
    {
        System.out.println("小猫"+name+"的年龄是"+age);
    }
}
```

我们在 eat()方法上增添了一段 Cat()构造器的代码,一旦利用 Cat 类生成一个新的对象,那么必然调用和执行所编写的构造器中的语句。我们再将之前的 main函数中的方法改变一下形式,验证创建对象时是否会调用构造器:

```
public class Main {

    public static void main(String[] args) {
        System.out.println("这是我们主类中的主方法,程序先从这里开始执行");
        Cat cat1 = new Cat();//这里创建一个 Cat 类中的对象 cat1
    }
}
```

然后可以看到其输出为:

这是我们主类中的主方法，程序先从这里开始执行
这个是构造器中的代码

很显然，首先打印了"这是我们主类中的主方法，程序先从这里开始执行"，然后在新的 cat1 对象被创建的时候打印了"这个是构造器中的代码"。我们通过 Cat 类生成一个新的对象，将会直接调用构造器。那么这一点对于 Cat 的子类 SmallCat 是否适用呢？继续改写 main 函数中的代码为：

```
public class Main {

    public static void main(String[] args) {
      System.out.println("这是我们主类中的主方法，程序先从这里开始执行");
      Cat cat1 = new Cat();//这里创建一个 Cat 类中的对象 cat1
      SmallCat cat2=new SmallCat();
    }
}
```

输出的结果为：

这是我们主类中的主方法，程序先从这里开始执行
这个是构造器中的代码
这个是构造器中的代码

从结果中可以分析得到，因为之前子类 SmallCat 已经继承了父类中的所有属性和方法，被继承的方法中肯定同时也包含构造器，只是这个构造器的名和子类的类名相同，和父类不同，子类构造器中的内容则和父类相同。因此，一旦利用子类创建对象，也会直接调用父类中的构造器进行输出。当然，也可以像之前所做的那样，在子类中直接对父类的方法进行改写，这个对构造器也是适用的，也可以在子类中重写父类中的构造器。我们改写 SmallCat 类的代码为：

```
public class SmallCat extends Cat{
    public SmallCat()
    {
        System.out.println("这个是子类构造器中的代码");
    }

    public void eat()
    {
        System.out.println("小猫吃肉肉");
    }
public void neweat()
{
```

```
        System.out.println("小猫的儿子小猫开始吃饭了\n");
    }
}
```

然后再次运行主类中的代码：

```
public class Main {

    public static void main(String[] args) {
        System.out.println("这是我们主类中的主方法，程序先从这里开始执行");
        Cat cat1 = new Cat();//这里创建一个Cat类中的对象cat1
        SmallCat cat2=new SmallCat();
    }
}
```

输出结果为：

这是我们主类中的主方法，程序先从这里开始执行
这个是构造器中的代码
这个是构造器中的代码
这个是子类构造器中的代码

很显然，由于我们改写了子类中构造器的代码，因此在创建子类对象时会调用子类构造器中的代码。

4.9 构造器的重载

前面已经简单学习了方法的重载，构造器本质上也是一个类中的方法，因此构造器也可以进行方法的重载。我们对 Cat 类进行改写，让需要进行重载的每一个 Cat 构造器包含不同的参数类型，代码如下：

```
public class Cat {
    public String name;        //定义成员变量name
    public String color;       //定义成员变量color
    public int age;            //定义成员变量age
    public Cat()               //增添下面这一段代码，这就是我们的构造器
    {
        System.out.println("这个是构造器中的代码");

    }
    //增加为含有参数的构造器
```

```java
    public Cat(int x)
    {
        System.out.println("构造器中传入进来的数字为："+x);

    }

    public Cat(int x,String y)
    {
        System.out.println("构造器中传入进来的数字为："+x+" 传入进来的字
符串为："+y);

    }

    public void eat()          //定义猫类都能够执行的方法
    {
        System.out.println("小猫"+name+"正在吃东西");
    }
    public void saycolor()
    {
        System.out.println("小猫"+name+"的颜色是"+color);
    }
    public void sayage()
    {
        System.out.println("小猫"+name+"的年龄是"+age);
    }
}
```

我们想要调用重载的带有参数的构造器，创建对象时的语法如下：

类的名称　对象名=new 类的名称（与所选构造器所匹配的参数）；

这个语法和之前我们提到的普通方法重载中的参数匹配的思想类似，只是构造器被调用时不是直接执行构造器，而是用于对象实例化过程的初始化。因此，可以将主方法中的代码改写如下，这样可以利用我们所创建的全部三个含参变量的构造器：

```java
public class Main {

    public static void main(String[] args) {
        System.out.println("这是我们主类中的主方法，程序先从这里开始执行");
        Cat cat1 = new Cat();//这里创建一个 Cat 类中的对象 cat1
        Cat cat2=new Cat(3);
        Cat cat3=new Cat(3,"嘿嘿");
```

```
    }
}
```

输出结果如下：

这是我们主类中的主方法，程序先从这里开始执行
这个是构造器中的代码
构造器中传入进来的数字为：3
构造器中传入进来的数字为：3 传入进来的字符串为：嘿嘿

在上面的输出结果中可以看到，传递进入什么参数，就会调用相应的构造器进行打印，对 cat1 对象而言，我们在里面没有放进任何参数，因此会调用不含参数的 Cat 构造器。对 cat2 对象而言，里面的参数是一个整数，因此我们会调用含有一个整数类型变量的 Cat 构造器，也就是 Cat(int x)。对 cat3 而言，里面的第一个参数是整数，第二个参数是一个 String 类的字符串对象，因此会调用 Cat(int x, String y)构造器。在调用 cat3 对象的构造器时，参数的顺序不能写错，不能先写字符串变量，再写整数变量，这样是不被允许的，除非再编写一个形如 Cat(String y, int x)的构造器，这样参数才会被匹配上。在利用含参变量创建对象的过程中，一定要将后面的参数的顺序以及个数写正确，这样才可以做到程序不报错并调用我们想要调用的构造器。有关面向对象的知识，就介绍到这里，具备了这些基础知识，就可以开始学习 Android 开发了。

第 5 章

Android 开发环境搭建

本章主要介绍如何在个人计算机上安装 Android Studio 开发工具，同时开始运行第一个 App。

5.1 Android Studio 简介

Android Studio 是用于开发 App 的有力工具，目前市场上开发 Android App 时一般使用的是 Android Studio 或者 Eclipse。由于笔者平时使用 Android Studio 进行开发，因此书中将会采用它作为开发工具。使用 Android Studio 进行开发非常方便，我们可以在上面编写代码，同时不需要外接模拟器就可以使用 Android Studio 自带的模拟器运行所编写的 App。

5.2 准备所需的工具

要使用 Android Studio，则需从其官网上下载并安装这个软件。首先使用百度搜索"Android Studio"，进入 Android Studio 的官网，再单击 DOWNLOAD ANDROID STUDIO 按钮即可下载这个软件，如图 5-1 所示。

图 5-1　下载 Android Studio

5.3　安装 Android Studio 并配置环境

下载完成之后，双击下载好的 EXE 文件开始安装，安装的流程非常简单，也是不断单击 Next 按钮即可。唯一需要注意的是，在选择安装的文件夹时可以选择一个非 C 盘的文件夹，不然一旦遇到 C 盘中容量不大的情况，将会让计算机运行得非常慢，图 5-2~图 5-6 是整个安装过程。

图 5-2　安装向导 1

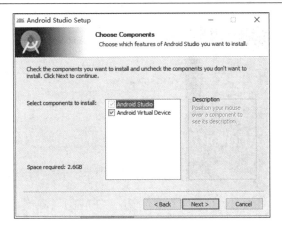

图 5-3　安装向导 2

图 5-4　安装向导 3

图 5-5　安装向导 4

图 5-6　安装完成

单击 Finish 按钮之后会出现系统配置界面，大家可以根据自己的喜好选择编译器的风格。首先选择 Empty Activity，因为在 Android Studio 中有很多现成的 UI 框架可以使用，如果不选择 Empty Activity，就相当于仅选择了一个现成的 UI 框架，也就是开发模板，将来直接在这种模板上进行开发会造成很多不方便之处，框架中有的内容并不能够直接进行修改，因此我们选择 Empty Activity 来创建模板并进行学习，如图 5-7 所示。

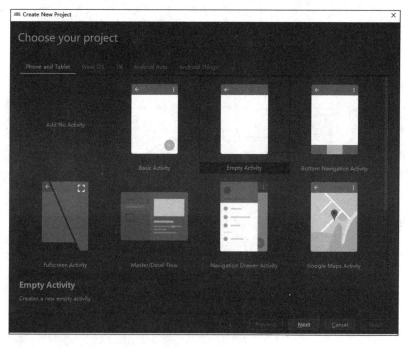

图 5-7　选择模板

选择之后单击 Next 按钮，然后在 Name 中填写 Android 软件的名称，最好使用英文进行填写，否则可能会报错，同时将 Save Location 选择为想要保存在计算机中的位置，编程语言则选择 Java，Minimal API Level 则选择当前的最高版本即可，之后单击 Finish 按钮，就创建完毕。

为了能够让 Android Studio 在计算机上运行，还需要为计算机安装模拟器，Android 模拟器就是一种能够在计算机上完全模拟 Android 手机系统的软件，相当于在 Windows 系统中运行了一个 Android 系统。Android Studio 自带模拟器，我们可以单击 Android Studio 界面右上方的"手机"按钮，如图 5-8 所示。

图 5-8　"手机"按钮

接下来出现如图 5-9 所示的界面。

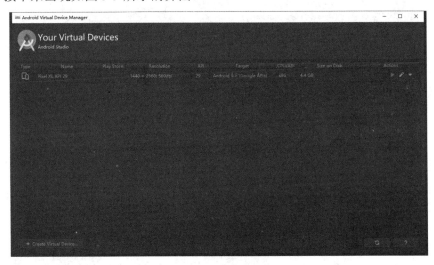

图 5-9　出现的界面

笔者之前已经下载了一个模拟器 Pixel XL API 29，所以不需要再次进行下载。如果想要下载新的模拟器，只需要单击界面左下角的 Create Virtual Device... 按钮，单击之后出现的界面如图 5-10 所示。

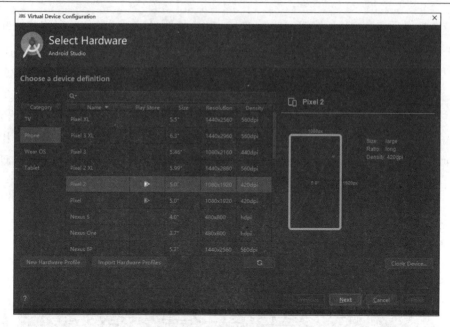

图 5-10　下载新的模拟器

我们可以选择自己喜爱的手机版本来创建模拟器，假设选择了 Pixel 2 API 29，将会出现如图 5-11 所示的界面，然后直接单击 Finish 按钮就完成模拟器的创建。

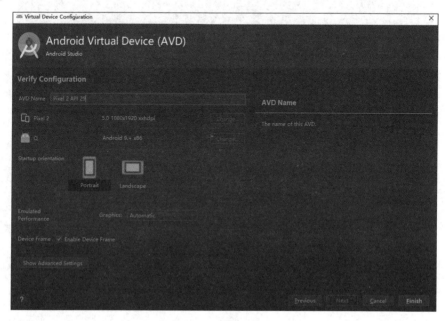

图 5-11　选择的模拟器

另一种使用模拟器的方法是自己下载一个模拟器，而不是用 Android Studio 自带的 Android 模拟器，常见的模拟器有 MuMu 模拟器、夜神模拟器等。这里用夜神模拟器给大家做一个简单的示范，看看 App 程序是如何部署到模拟器上的。

我们首先下载夜神模拟器，将安装文件下载到自己喜好的文件夹里，然后在夜神模拟器的安装目录下发现 adb.exe 这个文件，如图 5-12 所示，需要将这个文件夹添加到 Windows 系统下的环境变量中，这样就可以直接使用 CMD 命令行模式启动 adb.exe 这个可执行文件，对其进行相应的操作，这个 adb.exe 文件是没有 GUI 界面的，只能够使用命令在 CMD 窗口下进行操控。

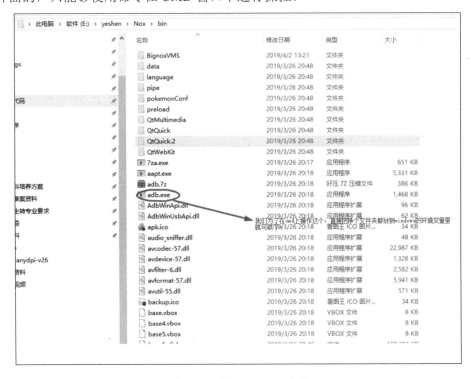

图 5-12　发现 adb.exe 文件

如何将其添加到环境变量中呢？操作很简单，首先在计算机桌面上找到"此电脑"后右击，在弹出的快捷菜单中单击"属性"命令，出现如图 5-13 所示的窗口。

图 5-13　查看系统

接着单击"高级系统设置"，就会出现如图 5-14 所示的对话框。

图 5-14　"系统属性"对话框

单击对话框右下角的"环境变量"按钮，然后在"系统变量"中找到 Path，双击进入 Path，再单击"新建"按钮，将之前夜神模拟器的安装目录复制进来，如图 5-15 所示。

图 5-15　"编辑环境变量"对话框

最后将 Android Studio 和夜神模拟器都打开，注意必须同时打开而且不能把夜神模拟器最小化。

接下来，打开 CMD 窗口。按键盘上的 Windows+R 快捷键，在打开的"运行"对话框中输入"cmd"并单击"确定"按钮，即可弹出如图 5-16 所示的 CMD 窗口。

图 5-16　进入 CMD 窗口

这就是 Windows 下的命令行模式，我们可以使用命令来进行操作，而不是之前使用鼠标单击的方式。很多时候进行编程开发时直接使用鼠标单击并不能得到想要的运行方式，而是需要输入命令才行。在这里输入以下命令：

```
adb connect 127.0.0.1:62001
```

如果出现如图 5-17 所示的提示，就说明 adb.exe 已经连接成功。

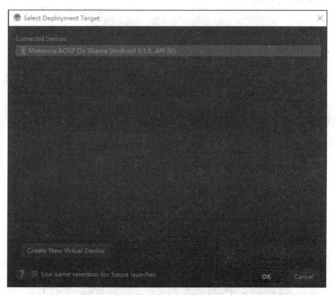

图 5-17 adb 连接成功

什么是 adb 呢？这个软件主要用来沟通 Windows 系统和 Android 系统。有了 adb 后才可以直接在 Windows 系统的计算机中对 Android 系统进行控制。

接着在 Android Studio 中将进行调试的手机设置成模拟器。我们发现在进行调试的设备中已经增加了摩托罗拉手机这一项，因为夜神模拟器的默认手机是摩托罗拉手机，如图 5-18 所示。

图 5-18 默认的模拟器

单击 OK 按钮就可以运行了。如果出现了 minSdk<2x 的情况，就需要在 Android 项目中打开左边的文件目录，对 build.gradle 文件下的 minSdk 进行修改，如图 5-19 所示。

修改完之后单击右上方新出现的单词 Sync Now 进行版本同步。最后单击"运行"按钮，就可以得到刚创建的 App 运行到夜神模拟器上的结果。

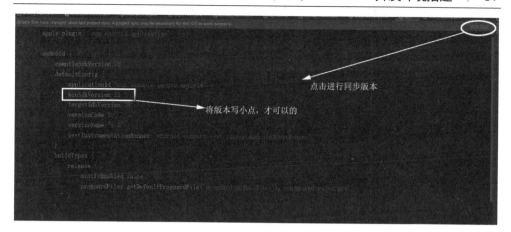

图 5-19　对文件进行修改

我们的 App 名为 My Application，如图 5-20 所示是夜神模拟器的界面。
运行 App 之后的界面如图 5-21 所示。

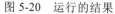

图 5-20　运行的结果

图 5-21　运行后的效果

这样，第一个 Android 系统下的 "Hello World" App 就运行完成了。

第6章

活 动

本章将介绍如何创建活动。活动十分重要，在 Android 开发中处处都有活动的身影。没有活动，Android 程序就无法运行。

6.1 活动简介

在 Android 开发中，活动一般用英文 Activity 表示，在编程中经常会用到这个单词。它到底是什么呢？笔者刚接触到 Android "活动"的时候也感觉十分困惑，完全不知所云，后来经过了一阵子摸索之后，逐渐了解了它的套路。简单来说，活动其实就是用户使用的页面，它可以与 App 的使用者进行交互，一个页面就可以被描述为一个活动，一个 App 中可以有一个或多个活动，一般情况下会使用多个活动，因为一个成熟的 App 将会有多个页面展示给用户。如果读者以前学习过网页前端开发，那么一个活动可以类比为一个与用户进行交互的网页。下面我们就来手动创建自己的第一个活动，开始激动人心的编程之旅吧！

6.2 手工创建第一个活动

首先打开 Android Studio，然后单击 Start a new Android Studio project 按钮，如图 6-1 所示。

图 6-1 新建 Android 项目

由于 Android 编程一般是以一个空的项目开始的，而不是套用现成的模板（套用模板后的话，开发的自由度就比较小），因此在 Android Studio 提供的活动模板上选择 Empty Activity 模板，这个空的活动上面什么也没有，相当于从零开始创建自己的活动，而不需要依靠 Android Studio 的模板，如图 6-2 所示。

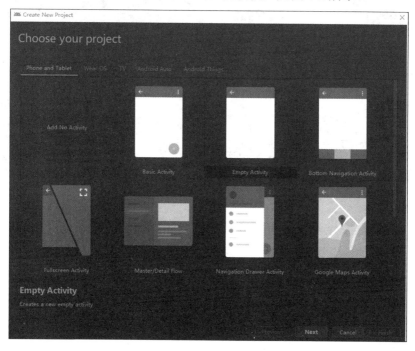

图 6-2 选择创建 Empty Activity

选择了 Empty Activity 之后单击 Next 按钮，进入下一个界面，我们将软件的名称（也就是 name）命名为 Bookone，因此这个应用安装到手机上后其标题栏上会显示这个名称。Save location 是指我们进行开发时用于保存 App 的位置，笔者个人习惯将其保存到 F 盘下，建议读者在 C 盘容量小时尽量不要保存在 C 盘下，因为随着 App 开发的越来越多，C 盘的容量会变得越来越小，最后可能导致计算机的运行速度越来越慢。语言选择 Java，最小的 API 级别选择 API 29，因为我们要与时俱进，与 Android 9.0 版本同步。输入完成后单击界面右下角的 Finish 按钮即可，如图 6-3 所示。

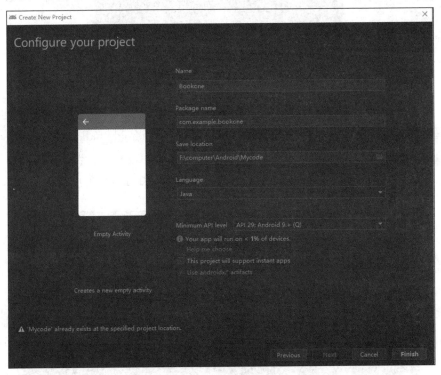

图 6-3 完成新项目的信息配置

在单击 Finish 按钮之后，等系统运行好，编程界面就会出现。我们判断是否可以进行编程的依据是，整个界面最下方的控制台中所有英文运行过程的左边全部出现了对勾，说明软件初始化成功了，之后就可以愉快地编程了，如图 6-4 所示。

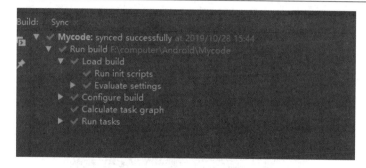

图 6-4　软件初始化成功

进行编程的界面如图 6-5 所示。

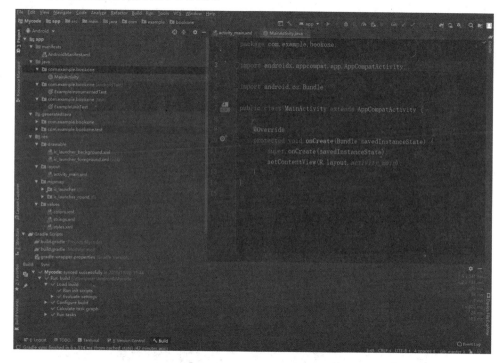

图 6-5　Android Studio 编程界面

单击 Android Studio 界面右上角的运行按钮（见图 6-6），可以看到创建的 App 的样式，与在真实的手机上运行的效果没有差别。

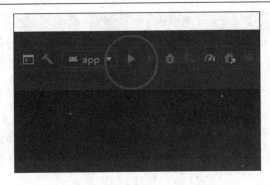

图 6-6　运行 Android Studio 项目

单击这个按钮之后，就会弹出如图 6-7 所示的窗口。由于之前在 Android Studio 自带的模拟器中下载了 Pixel XL API 29 这个手机，系统也默认它是运行 App 的 Android 手机，因此只需单击这个窗口下面的 OK 按钮即可。

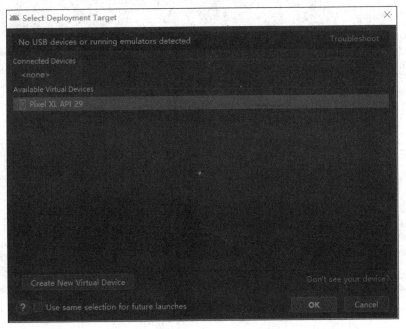

图 6-7　选择合适的设备运行 App

之后 Android Studio 运行一会儿，就会跳出 Pixel XL 手机界面，并且运行刚才的 Android App。运行成功之后，App 的界面会自动跳转出来，而不需要自己去单击最终的运行结果。在软件的标题栏上会显示软件名 Bookone，标题栏的绿色是系统默认的，后期我们可以根据自己的想法进行改变，在软件的中间会显示系统自动生成的"Hello World!"，如图 6-8 所示。

图 6-8 运行之后的 App 界面

我们在前面的章节已经运行过这部分的代码，现在来看一下系统自动生成的代码：

```
package com.example.bookone;
import androidx.appcompat.app.AppCompatActivity;
import android.os.Bundle;
public class MainActivity extends AppCompatActivity {
    @Override
    protected void onCreate(Bundle savedInstanceState) {
        super.onCreate(savedInstanceState);
        setContentView(R.layout.activity_main);
    }
}
```

在 MainActivity.java 文件中，系统已经自动生成了 Android 开发中基本的代码，在这一点 Android Studio 已经相当智能了，这样就省去了很多不必要的重复创建新文件的工作，从而提高工作效率。我们可以在这一段代码中看到，首先是导入包，导入了两个与 Android 有关的库，之后新建了一个 MainActivity 类来继承 AppCompatActivity 类，这个 AppCompatActivity 类是一个基类，所有的活动都需要继承这个类。在 Android 项目中，所有的类都需要继承这个类才能启动 Android 中的活动，在前几个章节已经提到了 Java 中类继承的概念，相信读者已经对它比较熟悉了。后面可以看到在类 onCreate 中所编写的代码：

```
super.onCreate(savedInstanceState);
setContentView(R.layout.activity_main);
```

这两行代码有着非常重要的作用，我们写 super.onCreate(savedInstanceState)这行代码是因为每一个 activity 活动都是通过一系列方法调用开始的，而 onCreate() 必须是在 activity 中继承父类所调用的第一个方法，这样才可以在后面调用其他方法。setContentView(R.layout.activity_main)这行代码的主要作用是将主活动对应的 UI 界面 activity_main.xml 关联起来，也就是引用 activity_main 的布局，这样才可以显示出"Hello World！"的软件界面。我们的布局文件也就是用于设计 Android 界面的代码，都在 res/laytout 文件夹下，用于布局 Android 界面的代码都是 XML 而不是 Java。当然，读者不需要特意去学习 XML，因为 Android 开发中的 XML 编写是不需要前置基础的，只需要阅读本书中的内容就可以灵活掌握 Android 开发的界面设计。我们可以在 Android Studio 编译器的左边找到 res/laytout 文件夹，先单击 res，再单击 layout，就可以看到系统已经创建好的 activity_main.xml 文件，单击它可以看到如下代码：

```xml
<?xml version="1.0" encoding="utf-8"?>
<androidx.constraintlayout.widget.ConstraintLayout
xmlns:android="http://schemas.android.com/apk/res/android"
    xmlns:app="http://schemas.android.com/apk/res-auto"
    xmlns:tools="http://schemas.android.com/tools"
    android:layout_width="match_parent"
    android:layout_height="match_parent"
    tools:context=".MainActivity">

<TextView
    android:layout_width="wrap_content"
    android:layout_height="wrap_content"
    android:text="Hello World!"
    app:layout_constraintBottom_toBottomOf="parent"
    app:layout_constraintLeft_toLeftOf="parent"
    app:layout_constraintRight_toRightOf="parent"
    app:layout_constraintTop_toTopOf="parent" />

</androidx.constraintlayout.widget.ConstraintLayout>
```

从上面的代码中可以看到，在标签 TextView 下有 android:text="Hello World!" 的代码，这行代码就是用于运行后在 UI 界面上显示 "Hello World!"。其他的代码如果读者现在还看不太懂，不过问题不大，现在只需要知道有这个文件就好，我们会在后面的 Android UI 布局中进行讲解，其实上面这种系统生成的代码并不常用，后面还会讲解对于布局 Android 更常见的方法。

6.3　详解 AndroidManifest 文件

AndroidManifest 文件是 Android 中极为重要的一个文件，我们的所有活动都需要在 AndroidManifest 文件中进行注册，注册之后程序编译才会报错。当然，我们使用 Android Studio 进行 Android App 的开发，因为 Android Studio 比较智能，刚开始创建空活动时，它就会自动帮助在 AndroidManifest 文件中进行活动的注册。如果读者使用的是 Eclipse 编译器，那么还需要自己到 AndroidManifest 文件中去注册一下。现在打开 AndroidManifest 文件，查看其中的代码。首先找到 app/manifest/AndroidManifest.xml 文件，再双击以打开这个文件，如图 6-9 所示。

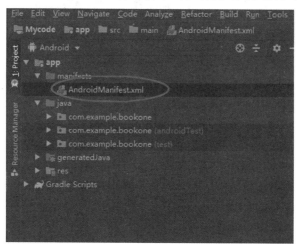

图 6-9　打开 AndroidManifest 文件

之后看到的代码如下：

```
<?xml version="1.0" encoding="utf-8"?>
<manifest xmlns:android="http://schemas.android.com/apk/
res/android"
    package="com.example.bookone">
```

```
<application
    android:allowBackup="true"
    android:icon="@mipmap/ic_launcher"
    android:label="@string/app_name"
    android:roundIcon="@mipmap/ic_launcher_round"
    android:supportsRtl="true"
    android:theme="@style/AppTheme">
    <activity android:name=".MainActivity">
        <intent-filter>
            <action android:name="android.intent.action.MAIN" />

            <category android:name="android.intent.category.
LAUNCHER" />
        </intent-filter>
    </activity>
</application>

</manifest>
```

在上述代码中，需要理解以 activity 标签开始且以 activity 标签结尾的这一段代码。我们可以看到在 activity 标签之后有 android:name=".MainActivity"这一句代码，意思是这里注册的是 MainActivity 活动，因为之前开始创建的活动名为 MainActivity，可以在文件夹 app/java/com.example.bookone 下找到名为 MainActivity.java 的文件，这就是创建主活动的核心 Java 代码。同样，它与主活动所关联的 XML 文件可以在之前提到的位置找到。当然，我们可以在上述 XML 代码中看到在注册 activity 代码中还有以下代码：

```
<intent-filter>
    <action android:name="android.intent.action.MAIN" />
    <category android:name="android.intent.category.LAUNCHER" />
</intent-filter>
```

如果在<activity>与</activity>之间运用了这 4 行代码，就说明程序从 Main 活动开始运行，这个活动是整个 App 的主活动，如果想从第二个主活动开始运行，且第二个主活动的文件名为 ActivityMain2.java，那么可以将上面的代码 android:name=".MainActivity"修改为 android:name=".ActivityMain2"。读者不需要知道这 4 行代码是什么意思，想最先开始启动哪一个活动，就在 AndroidManifest 文件所对应的 activity 标签之间输入相应活动的这 4 行代码程序，就会从这个活动处开始执行。当然，由于这 4 行代码适用于规定程序的主活动，因此只能在

AndroidManifest 文件中使用一次。下面举一个从第二个活动处开始运行的例子，
在 Android Studio 中创建第二个活动，看看在 AndroidManifest.xml 文件中会发生什
么变化。

　　首先，右击已经展开的 MainActivity 上方的 com.example.bookone，在弹出的
快捷菜单中选择 New→Activity→EmptyActivity，就会弹出一个新的对话框，如图
6-10 所示。在该对话框中保持默认的设置，然后单击 Finish 按钮即可。

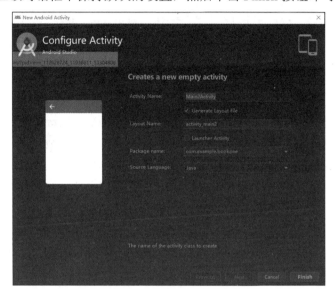

图 6-10　创建第二个活动

　　等编译器运行一会儿，看到 Main2Activity 的 Java 代码出来之后，说明
Main2Activity 创建成功了。这时再次来到 AndroidManifest 文件中，看看
Main2Activity 在这个文件中是如何进行注册的。AndroidManifest 文件中的代码如
下：

```
<?xml version="1.0" encoding="utf-8"?>
<manifest
xmlns:android="http://schemas.android.com/apk/res/android"
    package="com.example.bookone">

    <application
        android:allowBackup="true"
        android:icon="@mipmap/ic_launcher"
        android:label="@string/app_name"
        android:roundIcon="@mipmap/ic_launcher_round"
        android:supportsRtl="true"
```

```
            android:theme="@style/AppTheme">
        <activity android:name=".Main2Activity"></activity>
        <activity android:name=".MainActivity">
            <intent-filter>
                <action android:name="android.intent.action.MAIN" />

                <category android:name="android.intent.category.
LAUNCHER" />
            </intent-filter>
        </activity>
    </application>

</manifest>
```

从上面的代码中可知，Android Studio 已经在 AndroidManifest 文件当中自动为我们创建了具有 Main2Activity 的 Activity（位于名为 MainActivity 的 Activity 之前），在 Main2 标签中的<activity>与</activity>之间并没有刚刚提到的如下 4 行代码：

```
<intent-filter>
    <action android:name="android.intent.action.MAIN" />
    <category android:name="android.intent.category.LAUNCHER" />
</intent-filter>
```

因此，App 不会从 Main2Activity 处开始启动，而是从最开始创建的 MainActivity 活动开始启动。

6.4 Android 目录结构 res 简介

前面我们已经认识了 Androidmanifest 文件的所在地以及功能，而在每一个 Android 项目中，还有很多其他的目录和文件，这些目录和文件组成了每一个 Android 项目的文件系统，这个文件系统是如何构成的呢？

在和 manifest 并列的文件夹中还有一个名为 res 的文件夹，它非常常见，其英文全称为 resource(资源)。我们可以在这个资源文件夹下放一些系统的资源文件，比如在 Android 应用中用于展示的网页、图片、系统以及软件的图标等。

在 res 目录下，还有 drawable、layout、mipmap、values 文件夹，它们分别用于存储类别不同的系统资源文件。对于 drawable 文件夹而言，这里存储的一般是可以在 Android 应用中调用的图片；而 layout 则用来存储每一个活动中的布局 XML 文件；mipmap 文件夹用来存放一些系统图标，比如软件的图标等；values 文件夹常常用于存储编写 XML 文件或者自定义控件、文字等的样式（文件）。对这些概念有所了解之后，就可以开始编写控件。

6.5　Button 控件

前面已经认识了创建的第一个活动的 XML 设计页面，其中的"Hello World!"就是用控件 TextView 编写出来的。Android Studio 提供了大量的控件来完成 UI 界面的编写，我们可以通过可视化地拖曳这些控件来完善软件的设计。当然，笔者不太推荐使用这种方法来编写 UI 界面，因为拖曳控件与直接手工编写代码的工作量和难度大致相当，对于新手而言使用拖曳控件的方式编写 Android 界面也是可行的，但是即使我们把控件拖曳到正在编写的 App 上，比如按钮、输入框、图片显示视图等控件，最终还是会转化到 XML 代码上，再利用代码对控件的具体参数进行调整，不如直接使用代码进行调整。

下面介绍本书中使用的第一个控件——Button 控件。Button 的中文含义是"按钮"，在 Android 开发中可以通过这个控件来快速添加按钮。当然，这个按钮可能还不太美观，我们后面会讲解如何设计一个令人满意的按钮。现在介绍快速添加按钮的方法，首先更改主活动 MainActivity 中所对应的 UI 界面 activity_main.xml，在 Android Studio 创建 activity_main.xml 之后，默认的根元素是 ConstraintLayout，这个根元素在开发中不太常见，因此我们将它替换为更为常见的 Linearlayout，同时将系统自动生成的 TextView 控件更换为 Button 控件，TextView 控件是用于显示文字的，这里暂不需要，只需编写一个按钮即可。编写好的代码如下：

```xml
<?xml version="1.0" encoding="utf-8"?>
<LinearLayout
xmlns:android="http://schemas.android.com/apk/res/android"
    xmlns:app="http://schemas.android.com/apk/res-auto"
    xmlns:tools="http://schemas.android.com/tools"
    android:layout_width="match_parent"
    android:layout_height="match_parent"
    tools:context=".MainActivity">
```

```
<Button
    android:id="@+id/button"
    android:text="这是一个按钮"
    android:layout_width="match_parent"
    android:layout_height="wrap_content" />

</LinearLayout>
```

在上述代码中，我们需要理解 Button 控件中的 4 个属性：第一个属性 android:id 是每一个控件都必须具有的属性，是当前控件的唯一标识符，我们后面利用 Java 代码对这个按钮进行控制时，首先就得写下它的唯一标识符，也就是这个控件的 android:id，这样程序才知道想要控制或者改变哪个控件的功能。android:id 的通常写法是一个定式，首先在等号右边打上双引号，然后写@+id/，说明要开始对这个控件自定义 id 名，最后写上 button，当然这个 id 名也可以写成其他的名字，比如 bon、bt 等。对 android:id 的命名只要方便自己记忆就好。android:text 属性用于显示按钮上的文字，中英文皆可。android:layout_width 属性用于表示这个控件的宽度，android:layout_height 属性用于表示控件的高度，在这两个属性后面可以填写 match_parent 或者 wrap_content。如果后期对控件尺寸有明确的要求，还可以直接在后面填写控件的具体尺寸，但是一般还是在后面填写这两个单词。match_parent 表示和父类元素一样大，wrap_content 表示当前元素能够恰好包含其中的内容。以上面的代码为例， android:layout_width="match_parent" 说明所创建的按钮和屏幕一样宽，因为所创建控件的父类就是屏幕 。 代码 android:layout_height="wrap_content"说明创建的按钮高度和输入的文字高度是一样的。现在应该对上述这 4 行代码了如指掌了。下面预览当前所编写布局的效果，预览的方式比较简单，Android Studio 比较智能，单击界面右侧的 Preview 即可预览当前的布局，如图 6-11 所示。

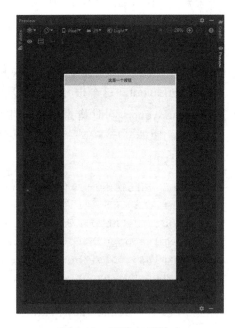

图 6-11　预览布局样式

6.6 Toast 的使用

接下来需要实现的效果是在单击某个按钮后，整个软件的偏下方处将会提示一段消息，这段消息的背景是浅灰色的。在我们平时使用手机中的 App 时肯定遇到过很多次这样的情况，其效果如图 6-12 所示。

图 6-12　Toast 消息提示

从图 6-12 中可以看到，只要单击了"这是一个按钮"按钮，软件的下方就会出现"show"的消息提示，消息提示在 Android 开发中称为"Toast"。如何实现这个功能呢？首先打开 MainActivity.java 文件，在主活动中更改代码为：

```
public class MainActivity extends AppCompatActivity {

    @Override
    protected void onCreate(Bundle savedInstanceState) {
        super.onCreate(savedInstanceState);
        setContentView(R.layout.activity_main);
        Button button=(Button)findViewById(R.id.button);
```

```
        button.setOnClickListener(new View.OnClickListener() {
            @Override
            public void onClick(View view) {
                    Toast.makeText(getApplicationContext(),"show",
Toast.LENGTH_LONG).show();
            }
        });
    }
}
```

从上面的代码中可以得到几个重要的信息：

（1）在代码 Button button=(Button)findViewById(R.id.button);中，如果想要利用 Java 代码对按钮进行控制，也就是让按钮被单击之后产生某些效果，首先创建新的 Button 对象，创建的对象名可以定义为 button，后面的 findViewById(R.id.button)用于引入按钮的布局，因为很可能在 UI 布局中使用了多个按钮，但是程序并不清楚具体是哪一个按钮，所以这里引入按钮的布局 id，也就是刚刚在布局中编写的 android:id，引入布局 id 之后程序才会清楚目前控制的是哪一个按钮，而每一个 id 对于一个控件而言都是唯一的。之前在创建按钮时特别提到了 id 的名字为 button，将按钮命名为 button 记忆起来更加方便。这一行代码不仅创建了 Button 对象，而且为这个对象找准了其布局 id，将这一段代码和之前 UI 布局中的 Button 关联起来。

（2）在后面的一系列代码中，使用刚刚创建的 Button 对象调用 setOnClickListener()来创建监听器，这样整个按钮正在进行的事件就会记录在程序中。之后再重写 onClick()方法，其含义十分浅显易懂，意思是只要按钮被单击，就会触发这个方法下所包含的事件，也就是触发 onClick()方法下所编写的代码。这些事件是什么呢？我们来看下一个知识点。

（3）Toast.makeText(getApplicationContext(),"show",Toast.LENGTH_LONG).how();这行代码是本节中最有意思的内容，如果想要在单击按钮之后发生 Toast 事件，也就是在 App 下方出现以浅灰色为背景的消息提示，就需要编写上面这行代码。代码中可以进行改动的地方有两处：一是这里设置消息提示为"show"，可以根据自己的想法更改消息提示为其他英文或者中文字符；二是消息提示的时间长短，这里使用了长时间提示，也就是使用了 Toast.LENGTH_LONG 的内置常量。当然，还可以进行短时间提示，将 Toast.LENGTH_LONG 修改为 Toast.LENGTH_SHORT 即可。

6.7 实现 Button 按钮事件的常见方法

刚才已经介绍了基本 Button 事件的实现方法，这种方法被称为匿名内部类实现法，也是一种较为常见的实现 Button 事件的方法。还有两种实现的方法也比较常见，第一种是内部类的实现方法（匿名内部类是特殊的内部类，这里讲解通俗的内部类实现方法），内部类是 Java 语言的一个特性，相当于在一个类中再写一个类，内部类的实现代码如下：

```
public class MainActivity extends AppCompatActivity {

    @Override
    protected void onCreate(Bundle savedInstanceState) {
        super.onCreate(savedInstanceState);
        setContentView(R.layout.activity_main);
        Button button=(Button)findViewById(R.id.button);
        button.setOnClickListener(new MyButton());
    }
    private class MyButton implements View.OnClickListener{
        @Override
        public void onClick(View view) {
            Toast.makeText(getApplicationContext(),
"show",Toast.LENGTH_SHORT).show();
        }
    }
}
```

内部类实现的方法是：创建一个内部类实现 OnClickListener 接口并重写 onClick()方法，在方法中写入单击事件的逻辑。内部类写完之后需要为按钮设置 setOnClickListener(Listener listener)属性，在参数中传入之前创建好的内部类对象即可。使用这种单击事件的好处是当按钮较多时，可以在 onClick(View v)方法中使用 switch 语句的 case 属性设置各自不同的单击事件。

第二种实现方法是在主类中实现监听器的接口，也就是在主类中接入一个接口，接口可以理解为在一个类中又"接上"了一个类。在 Android 开发中，我们不需要关心这个接口是如何实现的，只需要将其"接入"AppCompatActivity 类中即可，代码如下：

```java
    public class MainActivity extends AppCompatActivity implements
View.OnClickListener{
        @Override
        protected void onCreate(Bundle savedInstanceState) {
            super.onCreate(savedInstanceState);
            setContentView(R.layout.activity_main);
            Button button = (Button) findViewById(R.id.button);
            button.setOnClickListener(this);
        }
        @Override
        public void onClick(View view) {
            Toast.makeText(getApplicationContext(),"已点击按钮
",Toast.LENGTH_SHORT).show();
        }
    }
```

从上面的代码中可以看到，我们在主类中实现接口之后重写了 onClick()方法。这里需要注意的是，button.setOnCLickListener(this);方法中接收了一个参数 this，这个 this 代表的是该 Activity 对象的引用。由于 Activity 实现了 OnClickListener 接口，因此这里 this 代表 OnClickListener 的引用，在方法中传入 this 就代表该控件绑定了单击事件的接口。

这两种实现 Button 事件的方法，包括之前已经提到的使用匿名内部类的方法在 Android 开发中都十分常见，希望大家能够记住它们。

6.8　活动的跳转

至此，创建的 Android 应用中已经拥有了两个活动，但是活动之间应该如何跳转呢？也就是在单击按钮之后如何从一个页面跳转到另一个页面呢？其实有了上面实现 Button 事件的基础，只需在实现这个事件的代码中添加代码并且对 activity_main2.xml 进行一定的修改即可。首先将 activity_main2.xml 的代码修改为：

```xml
    <?xml version="1.0" encoding="utf-8"?>
    <LinearLayout
xmlns:android="http://schemas.android.com/apk/res/android"
        xmlns:app="http://schemas.android.com/apk/res-auto"
        xmlns:tools="http://schemas.android.com/tools"
```

```
    android:layout_width="match_parent"
    android:layout_height="match_parent"
    tools:context=".MainActivity">

    <TextView
        android:id="@+id/textview"
android:textSize="25dp"
android:text="大家好哦，这是第二个界面！！"
        android:layout_width="match_parent"
        android:layout_height="wrap_content" />

</LinearLayout>
```

这样第二个活动的界面就会变成如图 6-13 所示的样子。

图 6-13　第二个活动的预览效果

我们可以看到上述代码使用了 TextView 来显示文字，并且在整个界面的上方显示出来，比起之前创建的第一个活动的"Hello World!"多了一个 android:textSize 属性，这个属性用于表示文字的大小。笔者为了让大家能够在软件上看得更加清楚，使用了更大的文字，textSize 后面的数字表示文字的大小，笔者这里使用了 25dp 的大小，数字越大文字就越大，反之越小。回到刚刚的问题上，如何进行活动的跳转呢？也就是如何从主活动跳转到第二个活动呢？

我们进行活动的跳转一般是通过创建 Intent 对象的方法，也就是在 button 事件下创建 Intent 对象，并在创建 Intent 对象时引入两个参数：一个是当前活动的参数，另一个是将要跳转到的活动页面的参数，这样就可以进行跳转了。我们在主活动中单击 button 按钮跳转到第二个活动的代码如下：

```
public class MainActivity extends AppCompatActivity implements
View.OnClickListener{
    @Override
    protected void onCreate(Bundle savedInstanceState) {
        super.onCreate(savedInstanceState);
        setContentView(R.layout.activity_main);
        Button button = (Button) findViewById(R.id.button);
        button.setOnClickListener(this);
    }
    @Override
    public void onClick(View view) {
        Intent intent=new Intent(MainActivity.this,
Main2Activity.class);
        startActivity(intent);
    }
}
```

编写好之后，在模拟器中运行程序，这样就可以从只有一个按钮的主活动跳转到只有一句话的第二个活动中。这个跳转的过程完成了，读者可以自己试试。

6.9 活动的生命周期

在学习了有关活动编程的知识之后，现在来学习活动中的生命周期。只有完全理解了活动的生命周期，在今后的 Android 编程中才会更加得心应手，这也是面试 Android 开发类工作时的一个重要考点。为了让 Android App 在活动（Activity）生命周期的各个阶段之间导航转换，Activity 类提供了 6 个核心回调方法：onCreate()、onStart()、onResume()、onPause()、onStop()和 onDestroy()。当活动进入新状态时，系统会调用这些回调方法，如图 6-14 所示。

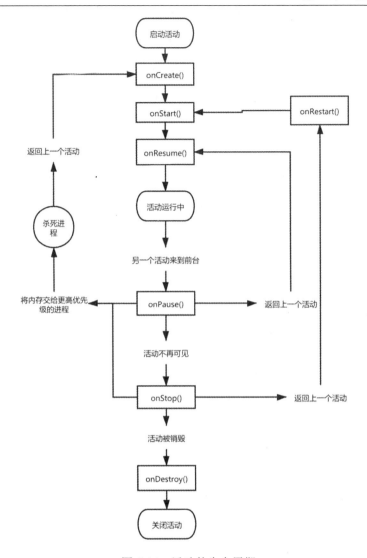

图 6-14 活动的生命周期

下面是每个回调方法的具体作用。

（1）onCreate()：这个方法在每次活动最开始启动时都会运行，并且在每一个活动中只允许这个方法出现一次。

（2）onStart()：当活动开始运行并转入不可运行时，这个方法开始运行，因为应用会为 Activity 进入前台并为支持交互做准备。

（3）onResume()：活动会在进入"已恢复"状态时来到前台，然后系统调用onResume()回调方法。这是应用与用户交互的状态。应用会一直保持这种状态，直到某些事件发生，让焦点远离应用。此类事件包括接到来电、用户导航到另一个活动或设备屏幕关闭。

（4）onPause()：当 App 准备启动另一个活动时进行回调。

（5）onStop()：当活动在完全不可见时进行回调。

（6）onDestroy()：在活动销毁之前进行回调。

（7）onRestart()：当活动重新开始运行时回调。

活动的生命周期基本就这些内容了。读者现在已经具备了 Android 软件中文件系统的相关知识，下一章我们将对一个已经打包好的 Android 软件进行反编译，学习反编译的技巧，也就是在仅有 Android 安装包的情况下得到它的源代码。

第7章

反 编 译

本章将详细介绍如何通过工具来破解 APK，听起来有一点神秘，实际上就是得到 Android APK 安装包的源代码。

7.1　破解工具简介

在 Android 开发中，我们不仅需要掌握基础的开发技能，还需要掌握软件的安全技能，这样才能开发一款实用的软件，同时让自己的核心技术不被别人盗取。因此，本章将会介绍很重要、很常见的反编译技巧。读者也可以在领悟了所有开发之后再回过头来看这一章，这样能够对反编译有更加深刻的理解。本章主要使用 CMD 命令行进行反编译。APK 文件是 Android 软件的安装包，只要能够反编译 APK 文件，就可以得到这个软件中的全部源代码。我们一般用于反编译 APK 的工具有三个，分别是 APKTool、dex2jar 和 jd-gui，这三个工具都有自己不同的功能，分别用于反编译 APK 的不同文件组成部分。在第 6 章讲到了 Android 系统中 App 的文件组成结构，这里不再赘述。以下是这三个工具的名称及其作用：

- APKTool：用于解析APK的res文件夹下的文件以及AndroidManifest.xml文件。
- dex2jar：用于把APK解压后生成的classes.dex文件解析为后缀为.jar的文件，与下面的jd-gui工具联合使用可以得到核心Java代码。
- jd-gui：将使用dex2jar得到的JAR文件解析为Java文件，从而得到软件的核心代码。

7.2 解析 AndroidManifest.xml 文件

解析 AndroidManifest.xml 文件是一个十分令人振奋的话题，因为我们只要得到这个文件就会发现需要反编译的 App 中的很多秘密，比如软件的 Java 软件包名，软件中的各个组件，构成应用的活动（Activity）、服务、广播接收器、内容提供器等，这些都是 Android App 应用的重要组成部分。为了知道这个 App 内用到了哪些活动、有几个活动及服务等内容，需要对 AndroidManifest.xml 文件进行解析。首先在官网上下载用于反编译 AndroidManifest.xml 文件的强大工具——APKTool。

在进入官网后，如果使用的是 Windows 操作系统，就阅读第一个与 Windows 操作系统有关的下载说明；如果使用的是 Linux 操作系统，就阅读第二个与 Linux 操作系统有关的下载说明；如果使用的是 Mac OS 操作系统，就阅读第三个与 Mac OS 操作系统有关的下载说明。由于笔者使用的是 Windows 操作系统，因此本书主要讲解在 Windows 操作系统下的方法。由于在 Windows 操作系统下进行学习开发的简便性，因此强烈建议读者使用 Windows 操作系统进行学习，如图 7-1 所示为进入官网之后的界面。

图 7-1　下载 APKTool

进入 APKTool 官网的下载界面之后，首先找到有关 Windows 版本 APKTool 的下载指示，我们只需要根据这里的指示进行下载和安装即可。

详细下载及使用过程如下：

（1）下载 Windows 下的包装脚本（右击，将其另存为 apktool.bat）。

（2）下载 apktool-2（新版单击这里下载），如图 7-2 所示，目前使用的是 apktool_2.4.0.jar，这是本书在编写时的新版，如果读者在查阅这个网页时有了更新的版本，也可以尝试新版本，不过这里使用 2.4.0 版本就足够了。

图 7-2　下载 apktool.jar 文件

（3）将下载的 JAR 文件重新命名为 apktool.jar（因为下载的 APKTool 后面会有版本号）。

（4）将下载的两个文件移到同一个文件夹下，这个文件夹可以是任意文件夹，但一定要记住它的位置。因为后面还会把反编译的 APK 文件放到这个文件夹下进行反编译。笔者为了自己使用和开发的方便，直接在 E 盘下创建了一个名为 androidsafe 的文件夹，文件夹的路径是 E:/androidsafe。这里直接把第 6 章生成的 APK 文件放入这个文件夹中用于反编译实验。最后三个文件都保存在这个文件夹下，如图 7-3 所示。

apktool.bat	2019/4/1 17:53	Windows 批处理...	1 KB
apktool.jar	2019/4/1 17:54	Executable Jar File	15,932 KB
appdebug.apk	2018/11/28 11:23	APK 文件	1,861 KB

图 7-3　将文件移到同一个文件夹下

（5）如果没有权限进入 C://Windows，可以使用其他的文件夹来完成这一过程，并把这个文件夹添加到环境变量中。也可以不使用环境变量来添加这个文件夹，可以利用 CMD 命令行模式来操控刚下载的文件。我们之前没有把下载的文件放在 C 盘中，也不需要像 APKTool 的说明文档介绍的那样创建环境变量，其实环境变量的本质就是在 CMD 命令行模式下在其他目录下也可以直接对下载的文件进行操作，而不需要将工作目录切换到 androidsafe 文件夹下。笔者的习惯是在可行的情况下都利用 CMD 模式切换到文件所在的文件夹下对文件进行操作，因为一旦我们在 C 盘下创建环境变量，就会加大计算机的内存开销，这是完全没有必要的。因此，我们可以在 Windows 下使用 cmd 命令进入命令行模式，再直接切换到 androidsafe 文件夹下，切换的步骤如下：

步骤 01 在键盘上按快捷键 Windows+R，输入 cmd 后按回车键，如图 7-4 所示。

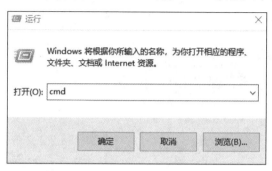

图 7-4　进入 cmd 命令行模式

步骤 02 进入命令行模式后，利用 cd 命令切换到刚才创建的 E 盘的 androidsafe 文件夹下。输入 "E:" 后按回车键，切换到 E 盘下的路径，如图 7-5 所示。

步骤 03 进入 E 盘之后，利用 cd 切换文件夹的命令进入 androidsafe 文件夹下，输入 "cd androidsafe" 并按回车键，之后出现 "E:\androidsafe>" 就说明输入正确，如图 7-6 所示。

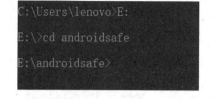

图 7-5　在命令行模式下进入 E 盘　　　图 7-6　在命令行模式下切换到 androidsafe 文件夹

（6）切换到这个文件夹下之后，就可以使用命令的方式来控制这个 APKTool 工具了。这一步的目的是用于解析 AndroidManifest.xml 文件，我们输入命令：apktool d，后面跟着的就是我们需要进行反编译的 APK 文件名，比如 apktool d hello.apk。

　　由于笔者之前所生成的 APK 文件的文件名是 appdebug，因此在当前命令行模式下输入的命令为：

```
apktool d appdebug.apk
```

输入命令成功之后的执行结果如图 7-7 所示。

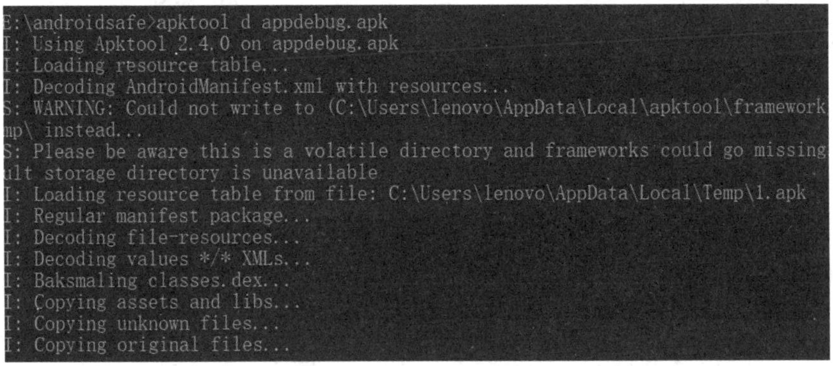

图 7-7　APKTool 开始反编译 APK 的过程

　　完成这个过程之后，反编译就完成了。我们可以看到在刚才创建的 androidsafe 文件夹下又多了一个文件夹 appdebug，这就说明反编译成功了，如图 7-8 所示。

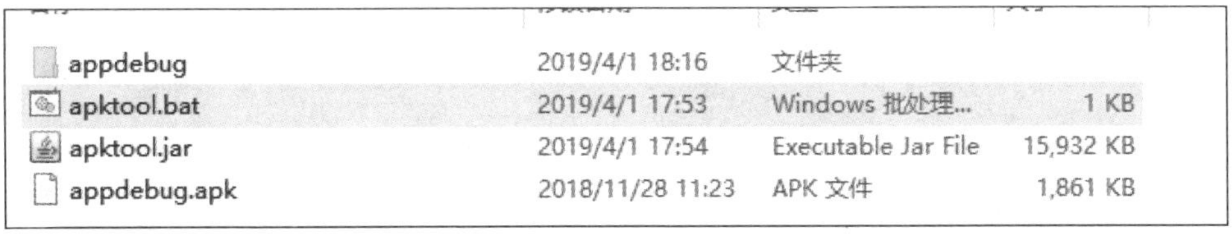

图 7-8　反编译成功后的文件夹

　　打开 appdebug 文件夹，其中分别有 orgin、res、smali 文件夹和 AndroidManifest.xml 和 apktool.yml 文件，可以用记事本打开 AndroidManifest.xml 文件，查看它的关键代码，代码如下：

```
<activity android:name="com.example.lenovo.MainActivity"/>
<activity android:name="com.example.lenovo.Main2Activity">
<intent-filter>
<action android:name="android.intent.action.MAIN"/>
<category android:name="android.intent.category.LAUNCHER"/>
</intent-filter>
</activity>
```

显然，这段代码和第 6 章中编写这个文件的代码一模一样。这说明 AndroidManifest.xml 文件被反编译成功了。当然，这只是 APK 安装包下其中一个文件，还有 Java 的核心代码等着我们去探索呢。其中的 res 文件夹存放着程序中的所有资源文件，smali 文件夹存放着程序所有的反汇编代码。APKTool 工具主要用来解析 res 和 AndroidManifest.xml 资源文件，除此之外，还需要使用其他工具来解析 Java 源代码。用于解析 Java 源代码的两个工具分别是 dex2jar 和 jd-gui。下面章节开始讲解 Java 核心代码的解析。

7.3 将 APK 文件转化为 DEX 文件

前面已经解析得到了 AndroidManifest.xml 文件，接下来我们想要得到其他剩余的 Java 文件的解析结果。因此，现在的目的就是生成 Java 文件，可以把 APK 文件解压生成 DEX 文件，然后使用 dex2jar 工具将 DEX 文件生成 JAR 文件，最后利用 jd-gui 工具就可以将 JAR 文件打包生成 Java 核心代码。总的来说，软件的变化过程为：APK→DEX→JAR→Java。下面就来完成这个过程的第一步。

（1）首先将刚用于解析的 APK 文件的后缀改为.zip，然后随便使用一个压缩包软件将它解压。

（2）在解压之后的文件中发现一个名为 classes.dex 的文件，如图 7-9 所示。

META-INF	2019/5/14 17:57	文件夹
res	2019/5/14 17:57	文件夹
AndroidManifest.xml	2019/5/14 17:55	XML 文档
app.zip	2019/5/14 17:55	好压 ZIP 压缩文件
classes.dex	2019/5/14 17:55	DEX 文件
resources.arsc	2019/5/14 17:55	ARSC 文件

图 7-9 将 APK 文件解压生成 DEX 文件

7.4 将 DEX 文件转化为 JAR 文件

dex2jar 工具可以前往 GitHub 下载，网址为 https://github.com/pxb1988/dex2jar。之后就可以下载这个工具了。我们下载的是一个后缀为.zip 的压缩包，将这个压缩包解压，然后更改解压后的文件名为 dex2jar，将之前得到的 classes.dex 文件剪切到 dex2jar 文件夹下，如图 7-10 所示。

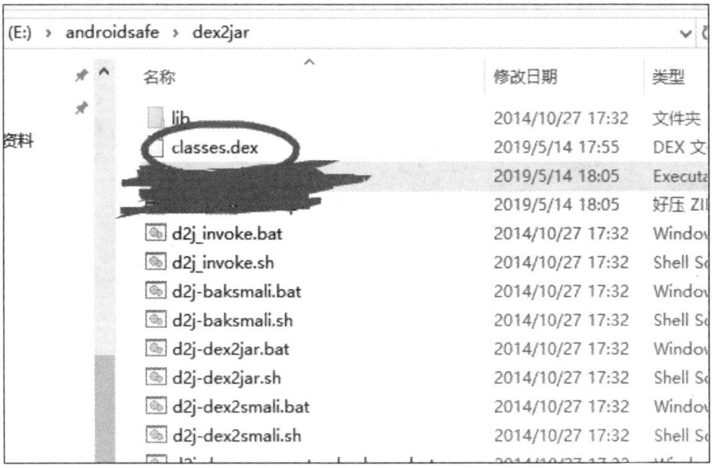

图 7-10　移动 classes.dex 文件

之后再次打开 CMD 命令行模式，利用已经学过的 cd 命令将目录切换到 dex2jar 的文件夹下，同时输入以下命令：

```
d2j-dex2jar.bat  classes.dex
```

这时返回文件夹，立即就可以看到在 classes.dex 文件夹下多了一个 JAR 文件，这个就是刚刚得到的 JAR 文件。

7.5　将 JAR 文件转化为 Java 文件

下面就来到激动人心的一步，即获取 Java 源代码。首先下载 jd-gui 工具，其网址为 https://github.com/java-decompiler/jd-gui/releases/。

打开链接之后会发现如图 7-11 所示的页面，找到对应的 Windows 版本下载。

下载后解压，解压后双击后缀为.exe 的可执行文件，再将 JAR 文件拖进去即可，如图 7-12 所示。

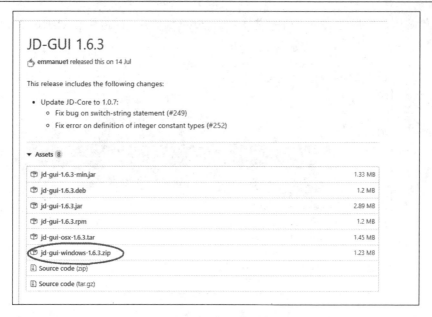

图 7-11　下载 jd-gui

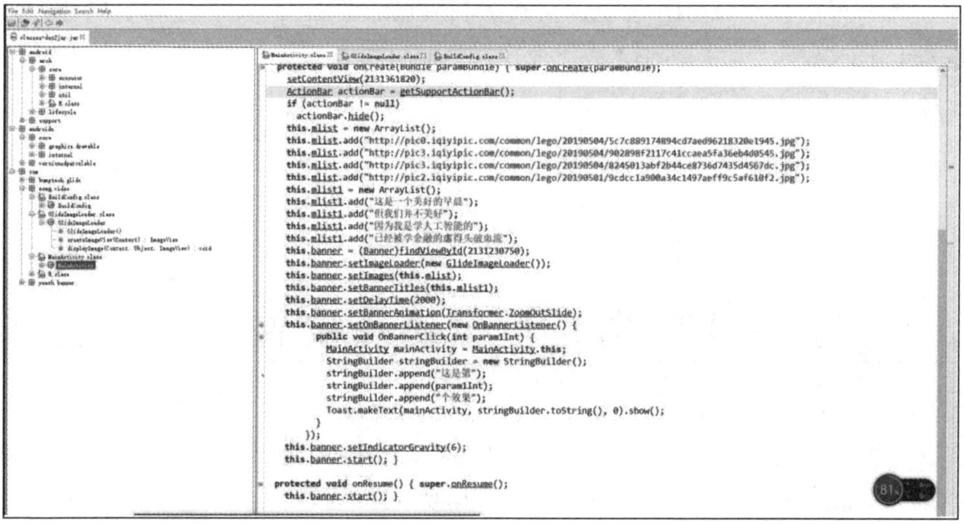

图 7-12　解析 JAR 文件

　　这样就可以完整地得到想要解析的 APK 文件。下一章正式开始讲解 Android 的开发。后面的内容会更有趣，因为马上就可以编写代码，从而创造属于自己的软件。

第 8 章

常用 UI 控件

在之前的章节中，读者已经接触到 TextView 和 Button 这两个控件，控件在 Android UI 开发中有着举足轻重的地位，本章将对 Android 中其他常见的控件和布局方式进行讲解。

8.1 线性布局

在前面的学习中已经接触到 TextView 和 Button 这两个控件，但是读者会发现很难将它们摆放到自己想要的位置上，因此需要学习如何调整这些控件的位置，对其进行布局。在布局中，线性布局（LinearLayout）很重要，也很常用，使用起来比较容易。在线性布局中，有一些属性需要学习。

1. 布局的方向：orientation

在线性布局中有两种布局方式，一种是 android:orientation="vertical"的垂直布局方式，另一种是 android:orientation="horizontal"的水平布局方式。假设整个线性布局使用了垂直布局，那么控件就会从上到下进行排列，使用水平布局会从左到右进行排列。下面来看垂直的线性布局是如何实现的：

```
<?xml version="1.0" encoding="utf-8"?>
<LinearLayout
xmlns:android="http://schemas.android.com/apk/res/android"
```

```
xmlns:app="http://schemas.android.com/apk/res-auto"
xmlns:tools="http://schemas.android.com/tools"
android:layout_width="match_parent"
android:layout_height="match_parent"
android:orientation="vertical"
tools:context=".MainActivity">

<Button
    android:id="@+id/button"
    android:text="按钮 1"
    android:layout_width="match_parent"
    android:layout_height="wrap_content" />
    <Button
        android:id="@+id/button_2"
        android:text="按钮 2"
        android:layout_width="match_parent"
        android:layout_height="wrap_content" />
    <Button
        android:id="@+id/button_3"
        android:text="按钮 3"
        android:layout_width="match_parent"
        android:layout_height="wrap_content" />
    <Button
        android:id="@+id/button_4"
        android:text="按钮 4"
        android:layout_width="match_parent"
        android:layout_height="wrap_content" />
</LinearLayout>
```

在上面的代码中，我们在线性布局中使用了垂直布局，同时在这个线性布局中使用了 4 个按钮控件，它们会从上到下依次排列，最终结果会在 Preview 中显示出来，如图 8-1 所示。

下面来看水平布局。如果我们仅将上述代码中的 android:orientation="vertical" 更改为 android:orientation="horizontal"，就会只显示一个按钮，因为在 Button 控件的 layout_width 属性中填写了 match_parent，这样第一个按钮已经把整个横屏占满了，后面的按钮因为前面使用了水平布局，只会在屏幕外面的右侧进行排列，因此不会显示出来，如图 8-2 所示。

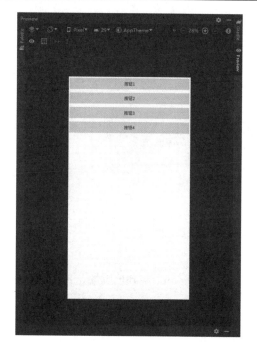

图 8-1　垂直布局

图 8-2　水平布局 1

如何才能够让按钮在水平方向从左到右排列呢？我们只需要修改 Button 中的 layout_width="match_parent"为 layout_width="wrap_content"即可，因为这样输入的文字的长度是多少，其按钮的长度就是多少。修改之后的代码如下：

```xml
<?xml version="1.0" encoding="utf-8"?>
<LinearLayout
xmlns:android="http://schemas.android.com/apk/res/android"
    xmlns:app="http://schemas.android.com/apk/res-auto"
    xmlns:tools="http://schemas.android.com/tools"
    android:layout_width="match_parent"
    android:layout_height="match_parent"
    android:orientation="horizontal"
    tools:context=".MainActivity">

    <Button
        android:id="@+id/button"
        android:text="按钮 1"
        android:layout_width="wrap_content"
        android:layout_height="wrap_content" />
        <Button
            android:id="@+id/button_2"
```

```
        android:text="按钮 2"
        android:layout_width="wrap_content"
        android:layout_height="wrap_content" />
    <Button
        android:id="@+id/button_3"
        android:text="按钮 3"
        android:layout_width="wrap_content"
        android:layout_height="wrap_content" />
    <Button
        android:id="@+id/button_4"
        android:text="按钮 4"
        android:layout_width="wrap_content"
        android:layout_height="wrap_content" />
</LinearLayout>
```

在上述代码中，每一个 Button 都改动了它的 layout_width 属性，Preview 中的显示如图 8-3 所示。

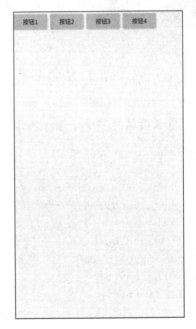

图 8-3　水平布局 2

以上就是线性布局中的垂直布局和水平布局，我们要对它们灵活应用。

2. 布局的摆放位置：gravity

对于 android:gravity 属性，它用于调整文字在控件中的位置，一般在后面还可以填写 center，与 center 同一类的有 center_horizontal（水平居中）、center_vertical

（垂直居中），当然 left 和 right 属性表示控件位于左边还是右边，而控件位于上方或者下方使用属性 top 和 bottom 表示。android:layout_gravity 属性用于调整控件在主界面中的位置，后面可以填写的单词和上文所述相同，只是这个属性所能控制的范围不同，它是控制控件本身的位置，而不是控件中文字的位置。下面分别用代码来看看它们的作用：

```xml
<?xml version="1.0" encoding="utf-8"?>
<LinearLayout
xmlns:android="http://schemas.android.com/apk/res/android"
    xmlns:app="http://schemas.android.com/apk/res-auto"
    xmlns:tools="http://schemas.android.com/tools"
    android:layout_width="match_parent"
    android:layout_height="match_parent"
      android:orientation="vertical"
    tools:context=".MainActivity">

<Button
      android:id="@+id/button"
      android:gravity="center"
      android:text="按钮 1"
      android:layout_width="match_parent"
      android:layout_height="40dp" />

    <Button
        android:id="@+id/button3"
        android:gravity="right"
        android:text="按钮 2"
        android:layout_width="match_parent"
        android:layout_height="40dp" />
    <Button
        android:id="@+id/button4"
        android:gravity="left"
        android:text="按钮 3"
        android:layout_width="match_parent"
        android:layout_height="40dp" />


</LinearLayout>
```

在上面的代码中，我们使用了垂直布局，下面的三个按钮分别使用了 center、right、left 这三个属性，因此文字将分别在按钮的中央、右端以及左端。Preview 中的显示效果如图 8-4 所示。

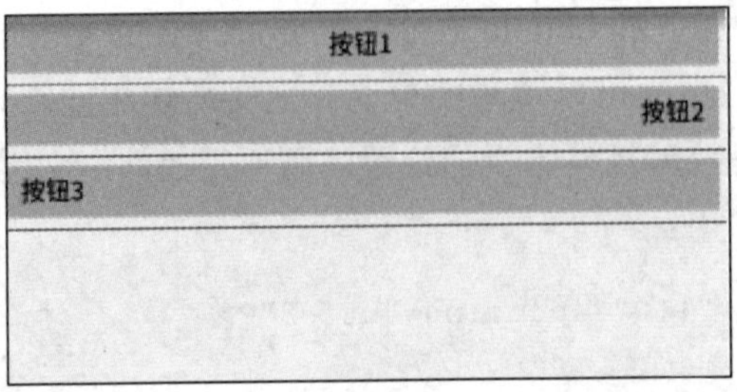

图 8-4　gravity 属性对文字的影响

　　现在来看 layout_gravity 属性对控件的作用。当排列方向为 horizontal 时，只能够使用 layout_gravity 属性对控件进行垂直方向上的控制，因为每次在水平方向上加入一个控件，水平方向的长度就会发生变化，无法变成开发者可以立即确定的一个值，因此只能对垂直方向进行控制。同理，当排列方向为 vertical 时，我们只能够使用这个属性进行水平方向的控制，这相当于一个定式，需要读者自行理解。下面是布局方式为 horizontal 时的代码：

```xml
<?xml version="1.0" encoding="utf-8"?>
<LinearLayout
xmlns:android="http://schemas.android.com/apk/res/android"
    xmlns:app="http://schemas.android.com/apk/res-auto"
    xmlns:tools="http://schemas.android.com/tools"
    android:layout_width="match_parent"
    android:layout_height="match_parent"
    android:orientation="horizontal"
    tools:context=".MainActivity">

<Button
    android:id="@+id/button"
    android:layout_gravity="top"
    android:text="按钮 1"
    android:layout_width="wrap_content"
    android:layout_height="40dp" />

    <Button
        android:id="@+id/button_2"
        android:layout_gravity="center_vertical"
        android:text="按钮 2"
        android:layout_width="wrap_content"
        android:layout_height="40dp" />
```

```
<Button
    android:id="@+id/button_3"
    android:layout_gravity="bottom"
    android:text="按钮 3"
    android:layout_width="wrap_content"
    android:layout_height="40dp" />
</LinearLayout>
```

最终显示的结果如图 8-5 所示。

图 8-5　layout_gravity 属性对控件位置的影响

3. 权重：weight

权重属性其实很好理解，如果对同一个方向上的控件进行权重的设置，假设每个权重的大小都相同（比如都为 1），那么这些控件在水平方向的宽度都是相同的，并且刚好铺满一个界面的宽度。如果一共有两个控件，一个权重为 3，另一个权重为 1，那么权重为 3 的控件将会占据屏幕宽度的 3/4，权重为 1 的控件将会占据屏幕宽度的 1/4。由于权重中已经使用了 android:weight 属性，但是 Android 系统是不允许缺少 android:width 属性的，因此直接将这个属性后面的宽度填写为 0dp，只需在使用 android:weight 属性时这么写即可。下面来看每个控件权重均为 1 的一个例子：

```
<?xml version="1.0" encoding="utf-8"?>
```

```
    <LinearLayout
xmlns:android="http://schemas.android.com/apk/res/android"
    xmlns:app="http://schemas.android.com/apk/res-auto"
    xmlns:tools="http://schemas.android.com/tools"
    android:layout_width="match_parent"
    android:layout_height="match_parent"
    android:orientation="horizontal"
    tools:context=".MainActivity">

    <Button
        android:id="@+id/button"
        android:text="按钮 1"
        android:layout_width="0dp"
        android:layout_weight="1"
        android:layout_height="40dp" />

    <Button
        android:id="@+id/button_2"
        android:text="按钮 2"
        android:layout_width="0dp"
        android:layout_weight="1"
        android:layout_height=
"40dp" />
    <Button
        android:id="@+id/button_3"
        android:text="按钮 3"
        android:layout_width="0dp"
        android:layout_weight="1"
        android:layout_height=
"40dp" />
    </LinearLayout>
```

显然，在上面这段代码中，我们依然使用了水平布局，使用了三个 Button 控件，它们会在同一水平线上进行排列，同时每个控件的宽度都是整个页面宽度的 1/3，最后界面的运行结果如图 8-6 所示。

假设把第一个按钮的 weight 更改为 2，其他两个按钮的 weight 保持 1 不变，结果就比较明显了。为了方便我们进行最后结果的

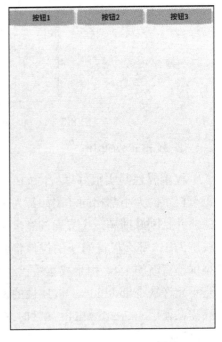

图 8-6　android:weight 属性 1

审阅，将按钮的高度调整得更大一点，代码如下：

```xml
<?xml version="1.0" encoding="utf-8"?>
<LinearLayout
xmlns:android="http://schemas.android.com/apk/res/android"
    xmlns:app="http://schemas.android.com/apk/res-auto"
    xmlns:tools="http://schemas.android.com/tools"
    android:layout_width="match_parent"
    android:layout_height="match_parent"
    android:orientation="horizontal"
    tools:context=".MainActivity">

    <Button
        android:id="@+id/button"
        android:text="按钮 1"
        android:layout_width="0dp"
        android:layout_weight="2"
        android:layout_height="80dp" />

    <Button
        android:id="@+id/button_2"
        android:text="按钮 2"
        android:layout_width="0dp"
        android:layout_weight="1"
        android:layout_height=
"80dp" />
    <Button
        android:id="@+id/button_3"
        android:text="按钮 3"
        android:layout_width="0dp"
        android:layout_weight="1"
        android:layout_height=
"80dp" />
    </LinearLayout>
```

UI 界面的运行结果如图 8-7 所示。

不出所料"按钮 1"占据了屏幕宽度的 1/2，其余两个按钮各占据了屏幕宽度的 1/4。由此可见，权重还是很容易理解的。

图 8-7　android:weight 属性 2

8.2 相对布局

在 8.1 节我们学习了线性布局，下面来看看相对布局（RelativeLayout）。相对布局在 Android 开发中也十分常用，有时甚至比线性布局更常用。当然，相对布局是有参照的，就是以父类容器或者某个兄弟组件来决定控件所在的位置。首先来看相对于父类容器的布局方式，也就是控件相对于整个 UI 界面的布局方式，这种方式有点类似于线性布局。如果利用这种布局方式，那么共具备 7 种用于布局的属性：

（1）设置在父布局的顶部：android:layout_alignParentTop="true"。
（2）设置在父布局的底部：android:layout_alignParentBottom="true"。
（3）设置在父布局的右侧：android:layout_alignParentRight="true"。
（4）设置在父布局的左侧：android:layout_alignParentLeft="true。
（5）设置相对于父布局垂直居中：android:layout_centerVertical="true"。
（6）设置相对于父布局水平居中：android:layout_centerHorizontal="true"。
（7）设置相对于父布局水平和垂直都居中：android:layout_centerInParent="true"。

下面我们用上述 7 种属性来编写 7 个按钮，编写的代码如下：

```xml
<?xml version="1.0" encoding="utf-8"?>
<RelativeLayout
xmlns:android="http://schemas.android.com/apk/res/android"
xmlns:app="http://schemas.android.com/apk/res-auto"
xmlns:tools="http://schemas.android.com/tools"
android:layout_width="match_parent"
android:layout_height="match_parent"
    android:orientation="horizontal"
tools:context=".MainActivity">

<Button
    android:id="@+id/button_1"
    android:text="按钮 1"
    android:layout_width="wrap_content"
    android:layout_height="80dp"
    android:layout_alignParentTop="true"
```

```
            android:layout_alignParentLeft="true"/>

    <Button
        android:id="@+id/button_2"
        android:text="按钮 2"
        android:layout_width="wrap_content"
        android:layout_height="80dp"
        android:layout_alignParentTop="true"
        android:layout_alignParentRight="true"/>
    <Button
        android:id="@+id/button_3"
        android:text="按钮 3"
        android:layout_width="wrap_content"
        android:layout_height="80dp"
        android:layout_alignParentBottom="true"
        android:layout_alignParentLeft="true"/>
    <Button
        android:id="@+id/button_4"
        android:text="按钮 4"
        android:layout_width="wrap_content"
        android:layout_height="80dp"
        android:layout_alignParentBottom="true"
        android:layout_alignParentRight="true"/>
    <Button
        android:id="@+id/button_5"
        android:text="按钮 5"
        android:layout_width="wrap_content"
        android:layout_height="80dp"
        android:layout_centerInParent="true"/>
    <Button
        android:id="@+id/button_6"
        android:text="按钮 6"
        android:layout_width="wrap_content"
        android:layout_height="80dp"
        android:layout_centerHorizontal="true"/>
    <Button
        android:id="@+id/button_7"
        android:text="按钮 7"
        android:layout_width="wrap_content"
        android:layout_height="80dp"
        android:layout_centerVertical="true"/>
</RelativeLayout>
```

对于上述代码，需要注意的是，我们从开始的布局已经将 LinearLayout 更换成 RelativeLayout 了，这一点千万不能出错。其他的代码不用多解释，一看就懂。Preview 中的显示如图 8-8 所示。

图 8-8　相对布局之相对于父类布局

下面学习相对于兄弟组件进行布局的方式。首先定义一个相对于父类进行布局的控件，这个控件就是所谓的兄弟控件，在下面的代码中这个控件就是"按钮 3"，其余的控件都相对于这个控件进行分布。这种布局方式一般具有以下几种属性：

（1）位于某个控件的上方：android:layout_above="@+id/"。

（2）位于某个控件的下方：android:layout_below="@+id/"。

（3）位于某个控件的左方：android:layout_toLeftOf="@+id/"。

（4）位于某个控件的右方：android:layout_toRightOf="@+id/"。

这 4 种属性可以混合搭配使用，比如同时使用（1）、（3）两个属性，一上一左就在左上方，同时使用（1）、（4）两个属性，一上一右则在右上方。下面是代码示例：

```
<?xml version="1.0" encoding="utf-8"?>
<RelativeLayout
```

```
xmlns:android="http://schemas.android.com/apk/res/android"
    xmlns:app="http://schemas.android.com/apk/res-auto"
    xmlns:tools="http://schemas.android.com/tools"
    android:layout_width="match_parent"
    android:layout_height="match_parent"
    android:orientation="horizontal"
    tools:context=".MainActivity">

    <Button
        android:id="@+id/button_3"
        android:text="按钮 3"
        android:layout_width="wrap_content"
        android:layout_height="80dp"
        android:layout_centerInParent="true"/>
        <Button
            android:id="@+id/button_1"
            android:text="按钮 1"
            android:layout_width="wrap_content"
            android:layout_height="80dp"
            android:layout_above="@+id/button_3"
            android:layout_toLeftOf="@+id/button_3"/>
        <Button
            android:id="@+id/button_2"
            android:text="按钮 2"
            android:layout_width="wrap_content"
            android:layout_height="80dp"
            android:layout_above="@+id/button_3"
            android:layout_toRightOf="@+id/button_3"/>
        <Button
            android:id="@+id/button_4"
            android:text="按钮 4"
            android:layout_width="wrap_content"
            android:layout_height="80dp"
            android:layout_below="@+id/button_3"
            android:layout_toLeftOf="@+id/button_3"/>
        <Button
            android:id="@+id/button_5"
            android:text="按钮 5"
            android:layout_width="wrap_content"
            android:layout_height="80dp"
            android:layout_below="@+id/button_3"
            android:layout_toRightOf="@+id/button_3"/>
```

```
</RelativeLayout>
```

Preview 中的显示如图 8-9 所示。

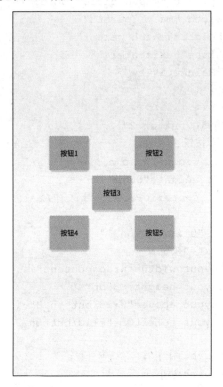

图 8-9　相对布局中相对于兄弟控件的布局

现在读者已经了解了 Android 开发中常见的布局，在后面各种不同控件的布局中应该会更加得心应手。下一节将会详细学习之前遇到的 TextView 控件。

8.3　TextView

假设将在屏幕的正中央显示一段红色的文字"我爱安卓开发"，应该如何实现呢？我们编写代码如下：

```xml
<?xml version="1.0" encoding="utf-8"?>
<RelativeLayout
xmlns:android="http://schemas.android.com/apk/res/android"
    xmlns:app="http://schemas.android.com/apk/res-auto"
    xmlns:tools="http://schemas.android.com/tools"
    android:layout_width="match_parent"
```

```
    android:layout_height="match_parent"
        android:orientation="vertical"
    tools:context=".MainActivity">

    <TextView
        android:id="@+id/button"
        android:textSize="40dp"
        android:text="我爱安卓开发"
        android:gravity="center"
        android:textColor="@color/colorAccent"
        android:layout_centerInParent="true"
        android:layout_width="match_parent"
        android:layout_height="wrap_content" />


</RelativeLayout>
```

可以看到，为了让文字显示在屏幕的中央，调用了相对布局中的
android_layoutcenterInParent 属性将文字移动到整个屏幕的中央。当然将文字移动
到屏幕的中央之后，文字只会在屏幕中央的左端，而不会水平居中，这时就需要
android:gravity="center" 这个属性让 TextView 进行垂直居中和水平居中，这样
"我爱 Android 开发"就会出现在屏幕的中央。而 android:textSize 属性表示的是文
字的大小，一般使用 dp 作为单位来表示文字以及控件在 Android 手机中的文字大
小。在 Android 中有三种不同的表示文字和控件大小的单位，分别是：

- dp：Android 中的相对大小。
- dpi：每英寸像素的数量。
- px：像素点的多少。

因此，dp 的含义是能够根据不同屏幕（分辨率/尺寸，也就是 dpi）获得不同的
像素（px）数量。例如，将一个控件的长度设置为 1dp，那么在 160dpi 上该控件的
大小为 1px，在 240dpi 的屏幕上该控件的大小为 1×240/160=1.5 个像素点。一般使
用 dp 作为衡量大小的单位，不然更换了屏幕之后控件和文字的大小就不会随着屏
幕大小的变化而变化。在上面的代码中还使用了 android:textColor 属性，用于表示
文字的颜色，由于 Android Studio 已经在 colors 文件夹中写好了几种颜色，因此直
接使用了其中的粉红色。打开 res/values/colors 文件，会发现如图 8-10 所示的代
码。

```
<?xml version="1.0" encoding="utf-8"?>
<resources>
    <color name="colorPrimary">#008577</color>
    <color name="colorPrimaryDark">#00574B</color>
    <color name="colorAccent">#D81B60</color>
</resources>
```

图 8-10　系统自带的颜色值

代码中已经命名了不同颜色所对应的 RGB 值，"#"后面的数字就是 RGB 值，每一个值对应着一种颜色。比如系统自动命名的 colorAccent 就是所选择的偏粉红色，代码的左边也自动给出了数字表示的颜色，十分智能。如果读者想知道其他颜色应该如何表示，可以在百度中查询，找到一个 RGB 颜色表即可，如图 8-11 所示。

color	red	green	blue	Hexadecimal triplet	example
Aliceblue	240	248	255	f0f8ff	
Antiquewhite	250	235	215	faebd7	
Aqua	0	255	255	00ffff	
Aquamarine	127	255	212	7fffd4	
Azure	240	255	255	f0ffff	
Beige	245	245	220	f5f5dc	
Bisque	255	228	196	ffe4c4	
Black	0	0	0	000000	

图 8-11　RGB 值对应的数字

以上只是部分 RGB 值对应的颜色，由于颜色太多了，这里就不一一列举了。我们来看看 TextView 的实现效果，如图 8-12 所示。

我爱安卓开发

图 8-12　TextView 居中显示的实现效果

当然，除了文字效果的属性设置之外，还可以实现一些更有趣的效果，比如给文字加上阴影，字体的阴影一般需要 4 个属性，分别是：

（1）android:shadowColor：阴影的颜色。

（2）android:shadowDx：水平方向上的偏移量。

（3）android:shadowDy：垂直方向上的偏移量。

（4）android:shadowRadius：阴影的半径大小。

这些属性理解起来十分容易，下面是示例代码：

```xml
<?xml version="1.0" encoding="utf-8"?>
<LinearLayout xmlns:android=
"http://schemas.android.com/apk/res/android"
    xmlns:app="http://schemas.android.com/apk/res-auto"
    xmlns:tools="http://schemas.android.com/tools"
    android:layout_width="match_parent"
    android:layout_height="match_parent"
    android:orientation="vertical"
    tools:context=".MainActivity">

    <TextView
        android:id="@+id/textview_1"
        android:layout_width="wrap_content"
        android:layout_height="50dp"
        android:layout_margin="10dp"
        android:shadowColor="@color/colorAccent"
        android:shadowDx="10"
        android:shadowDy="10"
        android:shadowRadius="3"
        android:text="带有阴影的 TextView 控件 1"
        android:textColor="@color/colorPrimaryDark"
        android:textSize="30dp"
        android:textStyle="bold" />
    <TextView
        android:id="@+id/textview_2"
        android:layout_width="wrap_content"
        android:layout_height="50dp"
        android:layout_margin="10dp"
        android:shadowColor="@color/colorAccent"
        android:shadowDx="30"
        android:shadowDy="30"
        android:shadowRadius="3"
```

```
        android:text="带有阴影的 TextView 控件 2"
        android:textColor="@color/colorPrimaryDark"
        android:textSize="30dp"
        android:textStyle="bold" />
    <TextView
        android:id="@+id/textview_3"
        android:layout_width="wrap_content"
        android:layout_height="50dp"
        android:layout_margin="10dp"
        android:shadowColor="@color/colorAccent"
        android:shadowDx="60"
        android:shadowDy="60"
        android:shadowRadius="3"
        android:text="带有阴影的 TextView 控件 3"
        android:textColor="@color/colorPrimaryDark"
        android:textSize="30dp"
        android:textStyle="bold" />
</LinearLayout>
```

运行的结果如图 8-13 所示。

图 8-13　TextView 实现带有阴影的文字

其中，android:textStyle="bold" 的意思是将字体变粗，这里将它变粗是为了让大家看着方便，太细的字体看着不太舒服，尤其是对于视力不太好的开发者而言。android:layout_margin="10dp"表示 TextView 控件的外部布局（父控件）的边距为 10dp。

TextView 的知识就讲到这里了，下面来看另一个比较常用的控件——EditText。

8.4　EditText

EditText 控件的作用是允许在其中输入文字，比如在软件的登录注册界面中，这个控件用来输入用户的用户名、密码以及手机号等注册和登录的信息。首先介绍最简单的用法，其代码如下：

```
<EditText
    android:id="@+id/edit_text"
    android:layout_height="wrap_content"
    android:layout_width="match_parent"
    android:inputType="text"
    android:hint="This is a editText"/>
```

Android:imputType="text" 限 制 了 在 这 个 控 件 中 只 能 输 入 纯 文 本 内 容，android:hint="This is editText" 说明在没有输入内容的时候，EditText 中将会显示："This is a editText"，起到提示的作用。比如在软件登录界面输入密码时，这个属性会提示输入密码的字母大小写以及输入密码的位数。其中的 layout_width 和 layout_height 与 Button 中的这两个属性的用法相同，表示控件的宽度和长度。运行的结果如图 8-14 所示。

图 8-14　最基本的 EditView

当然，除了这种简单的用法之外，还可以自定义设计 EditText 的 UI，让 EditText 变得更加好看、更加人性化。为了自定义 UI，需要新建一个 XML 文件，用于编写新的 EditText 的样式。这个 XML 文件的创建与之前有点不同，它的根属性为 shape，用于描绘一个控件的形状。创建这个文件的步骤如下：

（1）首先右击 res 文件，在弹出的快捷菜单中单击 New，再单击 Android Resource File，如图 8-15 所示。

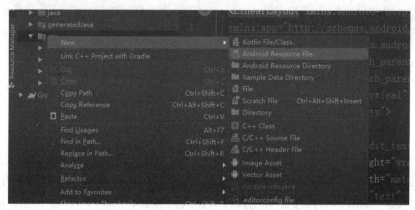

图 8-15　创建 shape 文件 1

（2）打开对话框之后，编辑文件名为 edit，将 Resource type 选择为 Drawable，Root element 编辑为 shape，说明创建一个根节点为 shape 的文件，再单击 OK 按钮，如图 8-16 所示。系统就会自动创建这个文件，它位于 res/drawable 文件夹下，文件名为 edit。

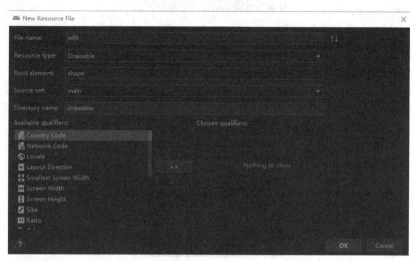

图 8-16　创建 shape 文件 2

我们来到这个文件下，修改代码为：

```xml
<?xml version="1.0" encoding="utf-8"?>
<shape
xmlns:android="http://schemas.android.com/apk/res/android">
    <solid
        android:color="#ff9d77"
        >
    </solid>
    <stroke
        android:width="2dp"
        android:color="#fad3cf">

    </stroke>
    <corners
        android:bottomLeftRadius="20dp"
        android:bottomRightRadius="20dp"
        android:topLeftRadius="20dp"
        android:topRightRadius="20dp" >
    </corners>
    <padding
        android:bottom="10dp"
        android:left="10dp"
        android:right="10dp"
        android:top="10dp"
        >

    </padding>
</shape>
<?xml version="1.0" encoding="utf-8"?>
<shape
xmlns:android="http://schemas.android.com/apk/res/android">
    <solid
        android:color="#ff9d77"
        >
    </solid>
    <stroke
        android:width="2dp"
        android:color="#fad3cf">

    </stroke>
    <corners
```

```
            android:bottomLeftRadius="20dp"
            android:bottomRightRadius="20dp"
            android:topLeftRadius="20dp"
            android:topRightRadius="20dp" >
        </corners>
        <padding
            android:bottom="10dp"
            android:left="10dp"
            android:right="10dp"
            android:top="10dp"
            >

        </padding>
    </shape>
```

上述代码的含义目前看起来还比较难理解，我们待会儿解释。下面修改之前的 EditText 控件的代码，用于引入这个 UI 界面，新的 EditText 的代码如下：

```
    <?xml version="1.0" encoding="utf-8"?>
    <LinearLayout
xmlns:android="http://schemas.android.com/apk/res/android"
    xmlns:app="http://schemas.android.com/apk/res-auto"
    xmlns:tools="http://schemas.android.com/tools"
    android:layout_width="match_parent"
    android:layout_height="match_parent"
        android:orientation="vertical"
    tools:context=".MainActivity">
        <EditText
            android:id="@+id/edit_text"
            android:background="@drawable/edit"
            android:gravity="center"
            android:layout_height="wrap_content"
            android:layout_width="match_parent"
            android:inputType="text"
            android:hint="This is a editText"/>
    </LinearLayout>
```

可以在上述代码中的 android:background 属性中引入 drawable 文件下的 edit 文件，这样编写的 UI 就可以运用到 EditText 中了，android:gravity="center" 表示将 EditText 文本框用于提示的文字 "This is a editText" 进行居中，这样做了之后，输入文字的光标也会居中。运行的结果如图 8-17 所示。

图 8-17　自定义 EditText

现在解释之前的 shape 文件中各个属性的含义。shape 节点下一共可以拥有 6 个节点，它们分别是：

- size。
- solid。
- corners。
- stroke。
- padding。
- gradient。

（1）size 标签用于设置 UI 的宽高值，只有控件宽高设置为 wrap_content 时，这里设置的宽和高的值才会起作用。它共有两个属性（我们之前在 EditText 的 UI 文件编写中并没有用到这个 size 标签），这两个属性如表 8-1 所示。

表 8-1　size 标签的属性

属　性	含　义
width	宽度
height	高度

（2）solid 标签用于设置控件的填充颜色，之前在 EditText 控件中设置了橘色的填充色。solid 标签只有一个颜色属性，如表 8-2 所示。

表 8-2　solid 标签的属性

属 性	含 义
color	指定颜色

正如代码所示：

```
<solid
    android:color="#ff9d77"
    >
</solid>
```

（3）corners 标签用于设置控件 4 个角是否为圆角，以及圆角的弧度大小，如表 8-3 所示。

表 8-3　corners 标签的属性

属 性	含 义
Radius	4 个角圆角
topLeftRadius	左上角的圆角
topRightRadius	右上角的圆角
bottomLeftRadius	左下角的圆角
bottomRightRadius	右下角的圆角

之前编写的代码为：

```
<corners
    android:bottomLeftRadius="20dp"
    android:bottomRightRadius="20dp"
    android:topLeftRadius="20dp"
    android:topRightRadius="20dp" >
</corners>
```

这段代码说明自定义的 UI 控件的 4 个角都是圆角，并且圆弧的弧度为 20dp。如果我们不想让某个角为圆角，去掉那个表示圆角的属性即可。当然，也可以使用简写，一个属性就可以搞定 4 个圆角，这种方法的缺陷是不能指定具体哪个角不为圆角，简写的代码为：

```
<corners
    android:radius="20dp" >
</corners>
```

（4）stroke 标签用于设置控件的外边界线，之前设置的是黑色的外边界线，代码如下：

```
<stroke
    android:width="2dp"
    android:color="#000000">
</stroke>
```

其属性如表 8-4 所示。

表 8-4　stroke 标签的属性

属　　性	含　　义
color	描边的颜色
width	边界线的宽度
dashWidth	段虚线的宽度
dashGap	段虚线的间隔

因此，填充的外边线可以是实线或虚线。

（5）padding 标签用于设置内容与边界的距离，之前的代码为：

```
<padding
    android:bottom="10dp"
    android:left="10dp"
    android:right="10dp"
    android:top="10dp"   >

</padding>
```

说明在空间的每一条边上与其内容的距离都是 10dp，其属性如表 8-5 所示。

表 8-5　padding 标签的属性

属性	含义
left	左内边距
top	上内边距
right	右内边距
bottom	左内边距

在这个标签的属性中就没有像表示圆角的 corners 中所使用的通用属性的简写方式了。

（6）gradient 标签用于设置控件颜色的渐变，其属性如表 8-6 所示。

表 8-6　gradient 标签的属性

属　性	含　义	解　释
type	渐变的类型	1.linear：线性渐变，默认的渐变类型 2.radial：放射渐变，设置该项时，必须设置 android:gradientRadius 渐变半径属性 3.sweep：扫描性渐变
angle	渐变角度	渐变的角度，线性渐变时（linear 是默认的渐变类型）才有效，必须是 45 的倍数，0 表示从左到右，90 表示从下到上
centerX	渐变中心的相对 X 坐标	放射渐变（radial）时才有效，为 0.0~1.0，默认为 0.5，表示在正中间
centerY	渐变中心的相对 Y 坐标	放射渐变（radial）时才有效，为 0.0~1.0，默认为 0.5，表示在正中间
useLevel	使用等级	如果为 true，就可以在 LevelListDrawable 中使用。通常应为 false，否则形状不会显示
startColor	渐变开始的颜色	直接填上颜色就好
centerColor	渐变中间的颜色	直接填上颜色就好
endColor	渐变结束的颜色	直接填上颜色就好
gradientRadius	渐变半径	渐变的半径，渐变类型为 radial 时使用

以上就是 shape 文件中所有标签的含义，自定义的 EditText 控件可以通过这些标签编写出来。这些标签不仅可以用于对 EditText 控件的自定义制作，还可以用于 button 等其他控件的自定义。

下面再来看输入 EditText 中的数据应该如何读取并在界面中显示出来。首先将布局修改为：

```
<?xml version="1.0" encoding="utf-8"?>
<LinearLayout
xmlns:android="http://schemas.android.com/apk/res/android"
    android:layout_width="match_parent"
    android:layout_height="match_parent"
    xmlns:widget="http://schemas.android.com/apk/res-auto"
    android:orientation="vertical">

    <EditText
```

```
        android:id="@+id/edit"
        android:layout_width="match_parent"
        android:layout_height="60dp"
        android:hint="请输入文字"
        android:padding="20dp"
        android:layout_marginTop="20dp"/>

    <Button
        android:id="@+id/dianji"
        style="@style/Widget.AppCompat.Button.Colored"
        android:layout_width="match_parent"
        android:layout_height="50dp"
        android:layout_margin="20dp"
        android:text="点击后显示输入文字"
        android:textColor="#ffffffff"
        android:textSize="18sp" />
    <TextView
        android:id="@+id/text"

android:layout_width="match_parent"

android:layout_height="wrap_content"
        android:text="输入的文字是: "
        android:textSize="20dp"
        android:paddingLeft="20dp"/>
    </LinearLayout>
```

布局的结果运行出来如图 8-18 所示。
同时，编写主活动中的 Java 代码为：

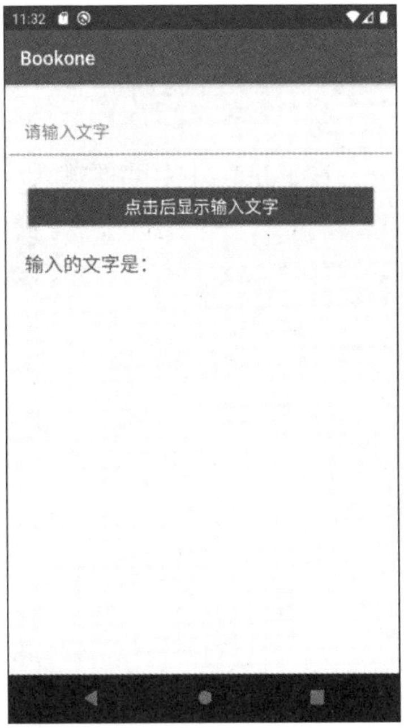

```
import
androidx.appcompat.app.AppCompatActivity;
    import android.os.Bundle;
    import android.view.View;
    import android.widget.Button;
    import android.widget.EditText;
    import android.widget.TextView;


public class MainActivity extends AppCompatActivity{
    @Override
    protected void onCreate(Bundle savedInstanceState) {
        super.onCreate(savedInstanceState);
        setContentView(R.layout.activity_main);
```

图 8-18 向 EditText 转入数据

```
final EditText editText=(EditText)findViewById(R.id.edit);
//在Java中对控件进行初始化，初始化之后才可以对EditText中的数据进行
```
操控

```
Button button=(Button)findViewById(R.id.dianji);
final TextView textView=(TextView)findViewById(R.id.text);
button.setOnClickListener(new View.OnClickListener() {
    @Override
    public void onClick(View view) {
        String okk=editText.getText().toString();
        //获取EditText中的数据（字符或者数字）
        textView.setText(okk);
    }
});
```
    }
}

在 EditText 中随便输入一段文字，看看 TextView 的变化，如图 8-19 所示。

图 8-19　输入文字后的 UI（用户界面）

由此可以看到，输入了"I love Android"之后，在下边的 TextView 中也会出现"I love Android"的字样。因此，用户在 EditText 中传入的数据会顺利地传递到另一个控件中。

8.5　ImageView

　　如何在 Android 中添加图片呢？一种是背景图，另一种是浮现在背景之上的小框中显示的图片。第二种情况就是使用 ImageView 控件来实现的。我们先来看看如何实现背景图。

　　首先在网上选择一张好看的壁纸并下载到 Android 文件夹的 res/drawable 文件夹下，然后在 UI 的 XML 代码中加上 android:background 属性，并把刚刚下载的文件的图片文件名写入属性中。注意，在 Android 开发中使用的是后缀为.png 的图片，因此需要将图片格式转化为 PNG。由于图片位于 drawable 文件夹下，因此前面的文件夹需要加上@drawable 的索引。代码如下：

```
<?xml version="1.0" encoding="utf-8"?>
<LinearLayout
xmlns:android="http://schemas.android.com/apk/res/android"
    android:layout_width="match_parent"
    android:layout_height="match_parent"
    android:background=
"@drawable/background"
    xmlns:widget=
"http://schemas.android.com/apk/res-auto"
    android:orientation="vertical">
</LinearLayout>
```

　　运行的结果如图 8-20 所示。

　　可以从运行的结果中看出，这个 UI 界面的上方依旧有标题栏，并不能够全屏显示图片。在界面中删除标题栏的方式其实也很简单，只需修改 MainActivity.java 中的代码，如下所示：

```
import
androidx.appcompat.app.ActionBar;
    import
androidx.appcompat.app.AppCompatActivity;
    import android.os.Bundle;

public class MainActivity extends
AppCompatActivity{
```

图 8-20　Android 显示背景

```
@Override
protected void onCreate(Bundle savedInstanceState) {
    super.onCreate(savedInstanceState);
    setContentView(R.layout.activity_main);
    ActionBar actionBar=getSupportActionBar();
    if(actionBar !=null)
    {
        actionBar.hide();
    }
}
}
```

这里在原来代码的基础之上还加入了以下代码：

```
ActionBar actionBar=getSupportActionBar();
if(actionBar !=null)
{
    actionBar.hide();
}
```

这段代码的作用是让顶部标题栏不显示出来，最后运行整个 App，显示的 UI 界面如图 8-21 所示。

图 8-21　Android 背景图

我们可以看到 UI 界面上方的顶部标题栏果然消失了。接下来进入本节中最重要的知识点，也就是 ImageView 的使用。我们再到百度上下载一张图片，用于

ImageView 的使用。编写控件 ImageView 的代码如下：

```xml
<?xml version="1.0" encoding="utf-8"?>
<LinearLayout
xmlns:android="http://schemas.android.com/apk/res/android"
    android:layout_width="match_parent"
    android:layout_height="match_parent"
    android:background="@drawable/background"
    xmlns:widget="http://schemas.android.com/apk/res-auto"
    android:orientation="vertical">

    <ImageView
        android:layout_width="300dp"
        android:layout_height="250dp"
        android:layout_gravity="center"
        android:layout_margin="50dp"
        android:src="@drawable/girl"
        />
</LinearLayout>
```

ImageView 中的 layout_width 和 layout_height 属性分别用于编辑图片的宽度和高度，与之前控件的使用一模一样，layout_gravity 用于确定控件的位置，layout_margin 用于确定控件和周围的距离，src 属性用于设置 ImageView 中的图片，这里我们依然将下载的图片放到 drawble 文件夹下。这段代码运行之后的结果如图 8-22 所示。

图 8-22 ImageView 实现

当然，将图片放置在 ImageView 中，无论怎样都会遇到有关缩放的问题，比如将 ImageView 自定义为一个大小之后，图片可能就会因为其比例和自定义之后的比例不协调，从而造成显示图片的比例不正确，看起来十分奇怪。因此，ImageView 给我们提供了 android:scaleType 来解决这些问题。它拥有以下几个常用的属性：

- fitXY：让图片全部填满ImageView，因此图片的长宽比可能会发生变化。
- fitCenter：保持图片的宽高比进行缩放，缩放后放置在ImageView的中央。
- fitStart：保持图片的宽高比进行缩放，缩放后放置在ImageView的左上角。
- fitEnd：保持图片的宽高比进行缩放，缩放后放置在ImageView的右下角。
- center：保持图片的宽高比进行缩放，当图片的尺寸大于ImageView的尺寸时，超过部分将会进行剪裁，不会在ImageView中显示出来。

还用之前下载的图片进行实验，使用 center 属性，编写的代码如下：

```xml
<?xml version="1.0" encoding="utf-8"?>
<LinearLayout
xmlns:android="http://schemas.android.com/apk/res/android"
    android:layout_width="match_parent"
    android:layout_height="match_parent"
    android:background="@drawable/background"
    xmlns:widget="http://schemas.android.com/apk/res-auto"
    android:orientation="vertical">

    <ImageView
        android:layout_width="300dp"
        android:layout_height="250dp"
        android:layout_gravity="center"
        android:layout_margin="50dp"
        android:src="@drawable/girl"
        android:scaleType="center"
        />
</LinearLayout>
```

可以看到，这段代码与之前的代码唯一不同的地方是加入了 android:scaleType="center"。运行这段代码，实现的效果如图 8-23 所示。

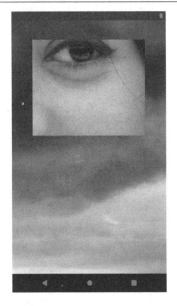

图 8-23　center 属性实现

从中可以看到，ImageView 只显示了女孩的一只眼睛，说明这张图片原来的尺寸相当大，大于 ImageView 本身的尺寸，超过的部分将会进行剪裁，不会在 ImageView 中显示出来。其他的属性使用起来也很简单，读者可以自行尝试。

8.6　使用 GitHub 开源库实现动态开关按钮

前面介绍的控件都是 Android 系统自带的控件，因此具有一定的局限性，不能够完全满足所有产品的需求，比如客户需要编写一个仿 iOS 的动态开关按钮，Android 系统本身是不具有这种开关控件的。我们有两种方式来实现这个按钮：一种是直接使用 GitHub 上别人已经编写好的按钮，另一种是使用自己定义的 UI 控件。如果要编写一些复杂的控件，比如动态开关按钮，那么需要花费很长时间才能够把它定义出来，很多时候直接使用 GitHub 上的开源库进行调用即可，省时又省力。GitHub 是全世界最大的开源软件托管服务平台，我们可以在上面免费注册一个账号，上传自己的代码让其他程序员使用，GitHub 上的个人仓库标星数量往往衡量着个人代码的受欢迎程度，这也是评价程序员的一个重要标准。一般来说，个人仓库达到 1000 个以上的标星就比较厉害了，标星数量越多，意味着你在未来的求职竞争中，越容易从其他程序员中脱颖而出。每一个 Android 程序员都可以拥有一个属于自己的 GitHub 仓库，还可以在其中学会使用别人的开源代码。

现在我们使用 GitHub 开源库来实现一个仿 iOS 的动态开关按钮。首先来看实现之后的效果，如图 8-24 所示。

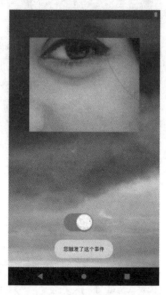

图 8-24　动态开关按钮

在刚才的 ImageView 的下方，我们使用了这个动态开关按钮，只要单击这个按钮，这个按钮就会变成绿色，中间圆形的按钮将会从左边滑到右边，同时 Android 下方的 Toast 将会显示"您触发了这个事件"。为了达成这个效果，首先需要在 Android Studio 下导入一个库，这个库来自于 GitHub。读者可能会想到如何在 GitHub 上找到这个库？其实很简单，在百度搜索即可，这个库的使用教程位于 https://github.com/iielse/SwitchButton/blob/master/README.md。库作者所写的开发文档如图 8-25 所示。

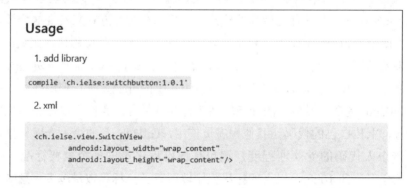

图 8-25　动态开关库使用教程

首先应该添加这个库为依赖库，打开 build.gradle（Module:app）文件进行添加，在这个文件中往下翻就会看到这样几行代码，表示这个 App 导入了哪些依赖库：

```
dependencies {
    implementation fileTree(dir: 'libs', include: ['*.jar'])
    implementation 'androidx.appcompat:appcompat:1.1.0'
    implementation
'androidx.constraintlayout:constraintlayout:1.1.3'
    testImplementation 'junit:junit:4.12'
    androidTestImplementation 'androidx.test:runner:1.2.0'
    androidTestImplementation
'androidx.test.espresso:espresso-core:3.2.0'
}
```

虽然按照作者的说法，应该在这里写成：compile 'ch.ielse:switchbutton:1.0.1'，但是我们是使用 Android 的新版本开发的，因此 compile 已经不适用了，需要使用 implementation 关键字来导入这个库，将依赖库中的代码修改为：

```
dependencies {
    implementation fileTree(dir: 'libs', include: ['*.jar'])
    implementation 'ch.ielse:switchbutton:1.0.1'
    implementation 'androidx.appcompat:appcompat:1.1.0'
    implementation
'androidx.constraintlayout:constraintlayout:1.1.3'
    testImplementation 'junit:junit:4.12'
    androidTestImplementation 'androidx.test:runner:1.2.0'
    androidTestImplementation
'androidx.test.espresso:espresso-core:3.2.0'
}
```

之后在 Android Studio 的上方就会出现"同步"，也就是 Sync Now 按钮，单击它同步一下依赖库，这样这个库才能够真正使用，如图 8-26 所示。

图 8-26　同步依赖库

单击之后等待控制台运行即可。再在 XML 文件中添加这个控件，代码如下：

```xml
<?xml version="1.0" encoding="utf-8"?>
<LinearLayout
xmlns:android="http://schemas.android.com/apk/res/android"
    android:layout_width="match_parent"
    android:layout_height="match_parent"
    android:background="@drawable/background"
    xmlns:widget="http://schemas.android.com/apk/res-auto"
    android:orientation="vertical">

    <ImageView
        android:layout_width="300dp"
        android:layout_height="250dp"
        android:layout_gravity="center"
        android:layout_margin="50dp"
        android:src="@drawable/girl"
        android:scaleType="center"
        />
    <ch.ielse.view.SwitchView
        android:layout_margin="150dp"
        android:id="@+id/button"
        android:layout_width="80dp"
        android:layout_height="80dp"/>
</LinearLayout>
```

为了使得单击这个按钮之后系统能够监听到，就像之前的 Button 控件一样，
这个按钮一共有两种不同的状态：一种是未单击的状态，另一种是单击后的状
态，可以编写代码让它在两种不同的状态下触发不同的事件。下面是 Java 代码的
实现：

```java
public class MainActivity extends AppCompatActivity{
    @Override
    protected void onCreate(Bundle savedInstanceState) {
        super.onCreate(savedInstanceState);
        setContentView(R.layout.activity_main);
        ActionBar actionBar=getSupportActionBar();
        if(actionBar !=null)
        {
            actionBar.hide();
        }
        SwitchView
switchView=(SwitchView)findViewById(R.id.button);
        switchView.setOnStateChangedListener(new
```

```
SwitchView.OnStateChangedListener() {
        @Override
        public void toggleToOn(SwitchView view) {
            view.toggleSwitch(true); // or false
            Toast.makeText(MainActivity.this,"您触发了这个事件
",Toast.LENGTH_SHORT).show();
        }

        @Override
        public void toggleToOff(SwitchView view) {
            view.toggleSwitch(false); // or true
        }
    });
    }
}
```

　　其中的第一个监听器是开关控件在选择的时候所触发的事件，第二个监听器是未选择的时候所触发的事件，这样使用起来比较方便。通过代码可以发现，在选择开关按钮时，系统会用 Toast 跳出"您触发了这个事件"。这样，仿 iOS 的动态开源按钮就做好了。有了这个基础，接下来看看怎么实现一个圆形的 ImageView，圆形的图片显示也十分常用，可以用于显示用户的头像。

8.7　实现圆形 ImageView

　　实现圆形 ImageView 的实例如图 8-27 所示。

图 8-27　圆形 ImageView

这个依赖库的网址是 https://github.com/hdodenhof/CircleImageView。打开这个网址之后，所需要的步骤和上文添加动态开关按钮依赖库的方法相似，首先在 Gradle 文件中添加依赖库，修改其代码为：

```
dependencies {
    implementation fileTree(dir: 'libs', include: ['*.jar'])
    implementation 'ch.ielse:switchbutton:1.0.1'
    implementation 'de.hdodenhof:circleimageview:3.0.1'
    implementation 'androidx.appcompat:appcompat:1.1.0'
    implementation
'androidx.constraintlayout:constraintlayout:1.1.3'
    testImplementation 'junit:junit:4.12'
    androidTestImplementation 'androidx.test:runner:1.2.0'
    androidTestImplementation
'androidx.test.espresso:espresso-core:3.2.0'
}
```

单击同步依赖库之后，将 XML 文件修改如下：

```
<?xml version="1.0" encoding="utf-8"?>
<LinearLayout
xmlns:android="http://schemas.android.com/apk/res/android"
    android:layout_width="match_parent"
    android:layout_height="match_parent"
    android:background="@drawable/background"
    xmlns:widget="http://schemas.android.com/apk/res-auto"
    android:orientation="vertical">
    <de.hdodenhof.circleimageview.CircleImageView
        xmlns:app="http://schemas.android.com/apk/res-auto"
        android:id="@+id/profile_image"
        android:layout_width="200dp"
        android:layout_height="200dp"
        android:src="@drawable/girl"
        app:civ_border_width="2dp"
        android:layout_gravity="center"
        android:layout_margin="100dp"
        app:civ_border_color="#FF000000"/>
</LinearLayout>
```

运行后的界面如图 8-28 所示。

图 8-28　圆形 ImageView

　　圆形 ImageView 就这样简单地制作好了。如果还有什么不懂的地方，可以在上面的 GitHub 链接中查看其详细的使用方法。

8.8　AlertDialog

　　AlertDialog 控件用于 Android 中的消息提示，比 Toast 更先进一点。这个控件的中文含义是对话框，当对话框弹出之后，用户必须处理掉对话框中的消息，才能够继续查看其他的内容，这里讲解 4 种不同对话框的使用。一种是简单对话框，这种对话框具有"确定"和"取消"按钮。先来看最为简单的对话框是怎么使用的。首先编写 XML 代码，代码如下：

```
<?xml version="1.0" encoding="utf-8"?>
<LinearLayout
xmlns:android="http://schemas.android.com/apk/res/android"
    android:layout_width="match_parent"
    android:layout_height="match_parent"
    android:background="@drawable/background"
    xmlns:widget="http://schemas.android.com/apk/res-auto"
    android:orientation="vertical">
    <Button
        android:id="@+id/button_1"
```

```
        android:layout_width="match_parent"
        android:layout_height="wrap_content"
        android:text="基本对话框"
        />
    <Button
        android:id="@+id/button_2"
        android:layout_width="match_parent"
        android:layout_height="wrap_content"
        android:text="列表对话框"
        />
    <Button
        android:id="@+id/button_3"
        android:layout_width="match_parent"
        android:layout_height="wrap_content"
        android:text="单选对话框"
        />
    <Button
        android:id="@+id/button_4"
        android:layout_width="match_parent"
        android:layout_height="wrap_content"
        android:text="多选对话框"
        />
</LinearLayout>
```

生成的界面如图 8-29 所示。

单击第一个基本对话框后的效果如图 8-30 所示。

图 8-29　对话框界面　　　　　图 8-30　基本对话框

第二个列表对话框如图 8-31 所示。

第三个单选对话框如图 8-32 所示。

图 8-31　列表对话框

图 8-32　单选对话框

第四个多选对话框如图 8-33 所示。

图 8-33　多选对话框

下面来看整体的 Java 代码是如何实现的：

```java
public class MainActivity extends AppCompatActivity{
    int index;
    String [] item = {"Android","IOS","Spark","Hadoop","Web"};
    //设置对话框中的选项有哪些
    boolean[] bools = {false,false,false,false,false};
    // 设置 boolean 数组所有的选项，设置默认为未选
    @Override
    protected void onCreate(Bundle savedInstanceState) {
        super.onCreate(savedInstanceState);
        setContentView(R.layout.activity_main);



        Button button=(Button)findViewById(R.id.button_1);
        //创建按钮对象，用于后面设置按钮的监听器
        button.setOnClickListener(new View.OnClickListener() {
            //设置按钮的监听器，在按钮的监听器里编写简单的基本对话框
            @Override
            public void onClick(View view) {
                AlertDialog.Builder builder = new
AlertDialog.Builder(MainActivity.this);
                //在主活动中创建对话框对象
                builder.setIcon(R.drawable.girl);
                //设置基本对话框左上角的图标
                builder.setTitle("标题栏");
                //设置对话框的 title
                builder.setMessage("对话框内容，可自行设置");
                //设置对话框中的内容
                builder.setPositiveButton("确定",new
DialogInterface.OnClickListener() {
                    //设置对话框的确定按钮，并引入监听器，如果单击这个按钮，就
会发生监听器中的事件
                    @Override
                    public void onClick(DialogInterface dialog, int
which) {
                        Toast.makeText(MainActivity.this, "点击了确定",
Toast.LENGTH_SHORT).show();
                        //设置 Toast 事件，单击按钮后跳出相应的 Toast
                    }
                });
                builder.setNegativeButton("取消", new
```

```
DialogInterface.OnClickListener() {
                @Override
                public void onClick(DialogInterface
dialogInterface, int i) {
                    Toast.makeText(MainActivity.this, "点击了取消",
Toast.LENGTH_SHORT).show();
                    //设置 Toast 事件，单击按钮后跳出相应的 Toast
                }
            });
            builder.setNeutralButton("好的", new
DialogInterface.OnClickListener() {
                @Override
                public void onClick(DialogInterface
dialogInterface, int i) {
                    Toast.makeText(MainActivity.this, "点击了“好
的”", Toast.LENGTH_SHORT).show();
                    //设置 Toast 事件，单击按钮后跳出相应的 Toast
                }
            });
            AlertDialog alertDialog = builder.create();
            alertDialog.show();
        }
    });

    Button button2=(Button)findViewById(R.id.button_2);
    //创建按钮对象，用于后面设置按钮的监听器
    button2.setOnClickListener(new View.OnClickListener() {
        //设置按钮的监听器，在按钮的监听器中编写列表对话框
        @Override
        public void onClick(View view) {

            AlertDialog.Builder builder = new
AlertDialog.Builder(MainActivity.this);
            builder.setTitle("请选择一个技术分支");
            builder.setItems(item, new
DialogInterface.OnClickListener() {
                @Override
                public void onClick(DialogInterface dialog, int
which) {
                    Toast.makeText(MainActivity.this, "选择了"
+item[which], Toast.LENGTH_SHORT).show();
                }
```

```
                });
                AlertDialog alertDialog = builder.create();
                alertDialog.show();
            }
        });
        Button button3=(Button)findViewById(R.id.button_3);

        button3.setOnClickListener(new View.OnClickListener() {
            @Override
            public void onClick(View view) {

                AlertDialog.Builder builder = new
AlertDialog.Builder(MainActivity.this);
                builder.setTitle("请选择技术分支：");
                builder.setSingleChoiceItems(item, index, new
DialogInterface.OnClickListener() {
                    //设置对话框中的列表
                    @Override
                    public void onClick(DialogInterface dialog, int
which) {

                        index = which;
                    }
                });
                builder.setPositiveButton("确定", new
DialogInterface.OnClickListener() {
                    @Override
                    public void onClick(DialogInterface dialog, int
which) {
                        Toast.makeText(MainActivity.this, "选择了"
+item[index], Toast.LENGTH_SHORT).show();
                    }
                });
                builder.setNegativeButton("取消", new
DialogInterface.OnClickListener() {
                    @Override
                    public void onClick(DialogInterface
dialogInterface, int i) {
                        Toast.makeText(MainActivity.this, "你没有做出选
择", Toast.LENGTH_SHORT).show();
                    }
                });
                AlertDialog alertDialog = builder.create();
```

```
                    alertDialog.show();
                }
            });
            Button button4=(Button)findViewById(R.id.button_4);
            button4.setOnClickListener(new View.OnClickListener() {
                @Override
                public void onClick(View view) {
                    AlertDialog.Builder builder = new
AlertDialog.Builder(MainActivity.this);
                    builder.setTitle("请选择技术分支：");
                    builder.setMultiChoiceItems(item, bools, new
DialogInterface.OnMultiChoiceClickListener() {
                        @Override
                        public void onClick(DialogInterface dialog, int
which, boolean isChecked) {
                            bools[which] = isChecked;
                        }
                    });
                    builder.setPositiveButton("确定", new
DialogInterface.OnClickListener() {
                        @Override
                        public void onClick(DialogInterface dialog, int
which) {
                            StringBuffer buffer = new StringBuffer();
                            for (int i = 0; i < item.length; i++) {
                                if (bools[i]) {
                                    buffer.append(item[i] + " ");
                                }
                            }
                            Toast.makeText(MainActivity.this, "选择了" +
buffer.toString(), Toast.LENGTH_SHORT).show();
                        }
                    });
                    builder.setNegativeButton("取消",null);
                    AlertDialog alertDialog = builder.create();
                    alertDialog.show();
                }
            });
    }
```

在上述代码中，每一段代码块都有所对应的按钮，因为每一个按钮都对应着一个不同的对话框。上面代码的注释比较详细，就不再赘述了。

8.9 CheckBox

CheckBox 控件是一个复选框控件，它的效果如图 8-34 所示。

我们可以根据自己的喜好选择相应的按钮，它的 XML 代码实现起来也比较简单，代码如下：

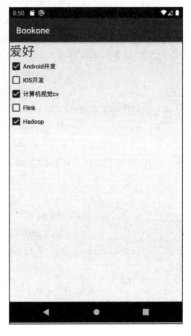

图 8-34　CheckBox 控件

```xml
<?xml version="1.0" encoding="utf-8"?>
<LinearLayout xmlns:android="http://schemas.android.com/apk/res/android"
    android:layout_width="match_parent"
    android:layout_height="match_parent"
    xmlns:widget="http://schemas.android.com/apk/res-auto"
    android:orientation="vertical">
    <TextView
        android:textSize="30dp"
        android:layout_width="wrap_content"
        android:layout_height="wrap_content"
        android:text="爱好"/>
    <CheckBox
        android:layout_width="wrap_content"
        android:layout_height="wrap_content"
        android:layout_gravity="left"
        android:text="Android 开发"/>
    <CheckBox
        android:layout_width="wrap_content"
        android:layout_height="wrap_content"
        android:layout_gravity="left"
        android:text="IOS 开发"/>
    <CheckBox
        android:layout_width="wrap_content"
        android:layout_height="wrap_content"
        android:layout_gravity="left"
        android:text="计算机视觉 cv"/>
```

```
<CheckBox
    android:layout_width="wrap_content"
    android:layout_height="wrap_content"
    android:layout_gravity="left"
    android:text="Flink"/>
<CheckBox
    android:layout_width="wrap_content"
    android:layout_height="wrap_content"
    android:layout_gravity="left"
    android:text="Hadoop"/>

</LinearLayout>
```

如何在 Java 代码中利用 CheckBox 中是否被选中的信息呢？参考下面的代码：

```
public class MainActivity extends AppCompatActivity{

    @Override
    protected void onCreate(Bundle savedInstanceState) {
        super.onCreate(savedInstanceState);
        setContentView(R.layout.activity_main);
        final CheckBox checkBox=(CheckBox)findViewById(R.id.c1);
        CheckBox checkBox2=(CheckBox)findViewById(R.id.c2);
        CheckBox checkBox3=(CheckBox)findViewById(R.id.c3);
        CheckBox checkBox4=(CheckBox)findViewById(R.id.c4);
        checkBox.setOnCheckedChangeListener(new
CompoundButton.OnCheckedChangeListener() {
            @Override
            public void onCheckedChanged(CompoundButton
compoundButton, boolean b) {
                if(b){
                    Toast.makeText(MainActivity.this,"你选中了这个按钮",
                        Toast.LENGTH_SHORT).show();
                }else{
                    Toast.makeText(MainActivity.this, "你取消选了这个按钮",
                        Toast.LENGTH_SHORT).show();
                }
            }
        });


    }
}
```

上面的代码只编写了第一个 CheckBox 的逻辑，意思是只要我们选择这个按钮，新定义的布尔值变量就为真，为真就会运行第一个Toast，为假就会运行第二个 Toast。选中第一个 CheckBox，也就是选中"Android 开发"选项之后，UI 界面下方就会出现"你选中了这个按钮"的字样，如图 8-35 所示。

这就是 CheckBox 的基本使用，下面来看 ScrollView 控件。

8.10 ScrollView

ScrollView 控件被称为滚动视图，当屏幕中的 UI 控件太大装不下时，就可以利用这个控件以滑动的方式让其他控件显示出来，比如新闻类的 App，

图 8-35 CheckBox 效果

我们可以通过滑动屏幕来上下查看更多的新闻。下面是一个例子，在之前编写的界面上故意插入一个比较大的 ImageView，使得里面的控件大而导致屏幕装不下，从而触发 ScrollView 滑动的效果。做好之后的效果如图 8-36 所示。

向下拉整个界面，界面变成了如图 8-37 所示的效果。

图 8-36 ScrollView 1

图 8-37 ScrollView 2

实现这种效果的 XML 代码如下，不需要 Java 来实现逻辑：

```xml
<?xml version="1.0" encoding="utf-8"?>
<ScrollView
xmlns:android="http://schemas.android.com/apk/res/android"
    android:layout_width="match_parent"
    android;layout_height="match_parent"

>
    <LinearLayout
        android:layout_width="match_parent"
        android:layout_height="match_parent"
        android:orientation="vertical">
    <TextView
        android:textSize="30dp"
        android:layout_width="wrap_content"
        android:layout_height="wrap_content"
        android:text="爱好"/>
    <CheckBox
        android:id="@+id/c1"
        android:layout_width="wrap_content"
        android:layout_height="wrap_content"
        android:layout_gravity="left"
        android:text="Android 开发"/>
    <CheckBox
        android:id="@+id/c2"
        android:layout_width="wrap_content"
        android:layout_height="wrap_content"
        android:layout_gravity="left"
        android:text="IOS 开发"/>
    <CheckBox
        android:id="@+id/c3"
        android:layout_width="wrap_content"
        android:layout_height="wrap_content"
        android:layout_gravity="left"
        android:text="计算机视觉 cv"/>
    <CheckBox
        android:id="@+id/c4"
        android:layout_width="wrap_content"
        android:layout_height="wrap_content"
        android:layout_gravity="left"
        android:text="Flink"/>
```

```
    <CheckBox
        android:layout_width="wrap_content"
        android:layout_height="wrap_content"
        android:layout_gravity="left"
        android:text="Hadoop"/>
    <ImageView
            android:layout_width="600dp"
            android:layout_height="600dp"
            android:src="@drawable/girl"/>
    </LinearLayout>


    </ScrollView>
```

8.11 技术实战：仿写腾讯 QQ 登录注册界面

前面学习了那么多控件的知识，读者肯定已经跃跃欲试，想自己制作一个像样的软件，现在就来仿写一下腾讯 QQ 手机客户端的登录注册界面吧！这个界面既使用了线性布局又使用了相对布局，整体布局是线性布局，但是里面还嵌套了相对布局。在 Android 开发中，布局是可以相互嵌套的，同时也可以在一个布局中使用多个布局进行并列。完成这个界面设计的代码如下：

```
    <?xml version="1.0" encoding="utf-8"?>
    <LinearLayout
xmlns:android="http://schemas.android.com/apk/res/android"
        android:layout_width="match_parent"
        android:layout_height="match_parent"
        android:orientation="vertical"
        android:background="@drawable/bg2"
        >


    <!--头部内容-->
    <RelativeLayout
        android:layout_width="match_parent"
        android:layout_height="160dp"
        android:padding="16dp"
        android:layout_margin="0dp"
        >
```

```xml
</RelativeLayout>

<!--输入框-->
<RelativeLayout
    android:layout_width="match_parent"
    android:layout_height="wrap_content"
    android:padding="16dp"
    android:layout_margin="0dp"
    >

    <EditText
        android:id="@+id/account"
        android:layout_width="match_parent"
        android:layout_height="wrap_content"
        android:layout_marginBottom="16dp"
        android:hint="QQ 号/密码/邮箱"/>
    />
    <EditText
        android:layout_below="@id/account"
        android:id="@+id/password"
        android:layout_width="match_parent"
        android:layout_height="wrap_content"
        android:password="true"
        android:hint="密码"/>
    />

</RelativeLayout>

<RelativeLayout
    android:layout_width="match_parent"
    android:layout_height="33dp"
    android:padding="0dp"
    android:layout_margin="0dp"
    >
    <CheckBox
        android:id="@+id/remember_pass"
        android:layout_width="wrap_content"
        android:layout_height="wrap_content"
        android:text="记住密码"/>
```

```
    </RelativeLayout>

    <!--密码功能-->
    <RelativeLayout
        android:layout_width="match_parent"
        android:layout_height="wrap_content"
        android:layout_margin="16dp">

        <Button
            android:id="@+id/login"
            android:layout_width="match_parent"
            android:layout_height="wrap_content"
            android:text="登录"
            android:textColor="#fff"
            android:background="#008cc9"/>

        <Button
            android:id="@+id/forget_pwd"
            android:layout_below="@id/login"
            android:layout_width="wrap_content"
            android:layout_height="wrap_content"
            android:background="@null"
            android:textColor="#2999ce"
            android:gravity="start"
            android:layout_marginTop="16dp"
            android:textSize="16dp"
            android:text="忘记密码？"/>

        <Button
            android:id="@+id/register"
            android:layout_below="@id/login"
            android:layout_width="wrap_content"
            android:layout_height="wrap_content"
            android:background="@null"
            android:textColor="#2999ce"
            android:gravity="end"
            android:text="新用户注册"
            android:layout_marginTop="16dp"
            android:textSize="16dp"
            android:layout_alignParentRight="true"/>

    </RelativeLayout>
```

```
<RelativeLayout
    android:layout_width="match_parent"
    android:layout_height="80dp"
    android:padding="16dp"
    android:layout_margin="0dp">
 <TextView
    android:layout_width="wrap_content"
    android:layout_height="wrap_content" />
</RelativeLayout>
</LinearLayout>
```

界面的效果如图 8-38 所示。

图 8-38　仿写腾讯 QQ 登录注册界面

第 **9** 章

碎 片

本章将教读者如何创建碎片，碎片在进行手机应用开发的基础布局中起着重要的作用。

9.1　碎片简介

碎片在手机开发中比较常见，基本上每一个手机 App 都会使用到这个技术。碎片是什么呢？简单来说，它可以把整个活动的 UI 界面分割成不同的区域，每一个区域都有着自己的生命周期，也会被宿主活动的生命周期所影响，能够与活动进行通信。它出现的初衷是为了适应大屏幕的平板电脑，但是现在手机 App 中也很常用，我们可以动态地更新一个活动中的几个碎片，让同一部手机的同一个界面的不同区域分别更新，进行模块化的管理，使用起来十分方便。碎片的生命周期如图 9-1 所示。

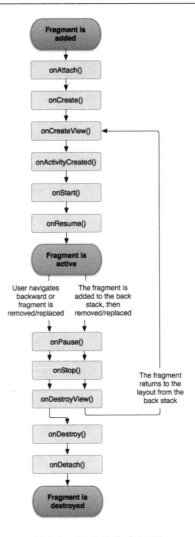

图 9-1 碎片的生命周期

举一个简单的例子来具体说明什么是碎片。图 9-2 所示是微信的界面，下方一共有 4 个按钮的导航栏，分别是"微信""通讯录""发现"和"我"。如果用活动来编写这个界面的话，单击其中一个底部导航按钮，比如"发现"，那么整个界面都会进行跳转，而不会保留下方的底部导航栏。如果使用碎片的方式，将上方的界面和下方的底部导航栏分为两个碎片，那么可以只跳转上方的界面而保留下方的底部导航栏，让底部导航栏只具有单击变绿的效果。稍后会教大家利用碎片来实现一个仿写的微信界面，如图 9-3 所示。

图 9-2　微信主界面　　　　　　　图 9-3　微信"发现"界面

9.2　FrameLayout

前面讲解了有关碎片的概念，下面来看碎片中常见的布局 FrameLayout（帧布局）。在第 8 章已经学习了线性布局和相对布局的使用，而 FrameLayout 是一个全新的布局，在所有布局方式中算是简单的了。所有添加到这个布局中的视图都是以层层叠加的方式显示的。第一个添加到布局中的控件显示在最底层，最后一个被添加的控件放在最顶层，并且都是默认在布局的左上角显示，我们可以通过添加属性的方式来改变控件在 FrameLayout 中的位置。

首先创建一个新的项目，将用于布局的 XML 代码修改如下：

```
<?xml version="1.0" encoding="utf-8"?>
<FrameLayout
xmlns:android="http://schemas.android.com/apk/res/android"

    android:layout_width="match_parent"
```

```
    android:layout_height="match_parent"
    >

    <ImageView
        android:layout_width="wrap_content"
        android:layout_height="wrap_content"
        android:src="@drawable/comment1"/>
    <ImageView

        android:layout_width="120dp"
        android:layout_height="120dp"
        android:src="@drawable/comment" />

</FrameLayout>
```

导入了两个 ImageView 控件，这两个控件都是稍后会用到的仿写微信的"聊天"图标。根据代码，首先第一个 ImageView 会出现在 FrameLayout 的左上方，然后第二个 ImageView 会重叠在这个 ImageView 的上方，在 Preview 中的显示如图 9-4 所示。

图 9-4　FrameLayout 布局 1

大的"聊天"图标取自于 drawble/comment1，小的"聊天"图标取自于 drawble/comment，两张图片的名称只相差了一个数字"1"。如果要让这两张图片分别位于界面的两侧，只需添加 margin 相关的属性即可。下面是将两张图片分开的代码：

```
<?xml version="1.0" encoding="utf-8"?>
<FrameLayout
xmlns:android="http://schemas.android.com/apk/res/android"

    android:layout_width="match_parent"
    android:layout_height="match_parent"
    >

    <ImageView
        android:layout_width="wrap_content"
        android:layout_height="wrap_content"
        android:layout_marginLeft="200dp"
        android:src="@drawable/comment1"/>
    <ImageView

        android:layout_width="120dp"
        android:layout_height="120dp"
        android:src="@drawable/comment" />

</FrameLayout>
```

我们为第一张图片（大的"聊天"图标）加上一个相对于父类布局向右平移 200dp 的属性，也就是 layout_marginLeft 属性，这样就可以将图标拖曳到右边。 Preview 中显示的结果如图 9-5 所示。

图 9-5　FrameLayout 布局 2

9.3　静态添加碎片

　　前面已经了解了碎片的概念，也就是一个活动可以分割为多个碎片。碎片一共有两种加载到活动中的方式，一种是静态加载的方式，另一种是动态加载的方式。静态加载之后的碎片一般不能进行更新和重新加载，适用于界面中某个板块不会改动的情况；而使用动态加载的方式可以做到随时重新加载，对界面进行更新。我们先在一个界面（也就是一个活动）上将其分割为两个碎片，并使用静态加载的方式将这两个碎片加载进来。首先创建一个新的活动 MainActivity.java，然后添加两个碎片，创建碎片的方法如下：

　　步骤 01　在 Java 代码的项目处右击，然后在弹出的快捷菜单中单击 New→Fragment→Fragment(Blank)，如图 9-6 所示。

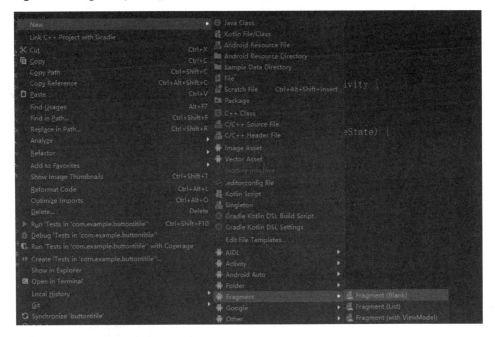

图 9-6　创建新的碎片

　　步骤 02　打开对话框之后，取消勾选系统默认勾选的 "Include fragment factory methods?" 和 "Include interface callbacks?" 复选框，如图 9-7 所示。

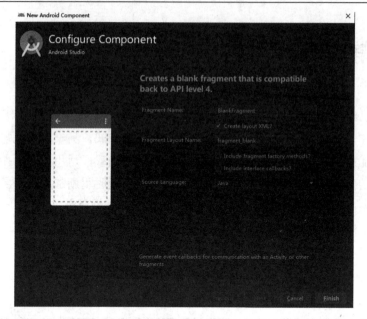

图 9-7　创建碎片

支持的语言选择 Java 即可，之后单击 Finish 按钮，第一个碎片就创建好了。碎片和活动一样，Android Studio 会自动帮助开发者创建 Java 文件以及相对应的 XML 文件。XML 文件的名字为 fragment_blank。当然，由于需要创建两个碎片，再次重复这个步骤创建第二个碎片文件即可。用这两个碎片实现的界面如图 9-8 所示。

要实现这个效果，首先在每个碎片的 XML 文件中编写代码。修改左边第一个碎片 fragment_blank.xml 的代码为：

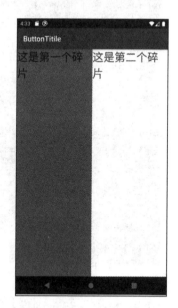

图 9-8　两个碎片组成的活动

```
<?xml version="1.0" encoding="utf-8"?>
<FrameLayout xmlns:android="http:
//schemas.android.com/apk/res/android"
    xmlns:tools="http://schemas.
android.com/tools"
    android:background="#66A734"
    android:layout_width="match_parent"
    android:layout_height="match_parent"
    tools:context=".BlankFragment">

<!-- TODO: Update blank fragment layout -->
<TextView
```

```
        android:layout_width="match_parent"
        android:layout_height="match_parent"
        android:text="这是第一个碎片"
        android:textSize="30dp"/>
```

```
</FrameLayout>
```

可以很明显地看到，系统默认添加的就是 FrameLayout，在里面使用了一个 TextView 控件用于显示文字"这是第一个碎片"，背景使用了绿色。

第二个碎片的布局 XML 代码为：

```
<?xml version="1.0" encoding="utf-8"?>
<FrameLayout
xmlns:android="http://schemas.android.com/apk/res/android"
    xmlns:tools="http://schemas.android.com/tools"
    android:background="#ffffff"
    android:layout_width="match_parent"
    android:layout_height="match_parent"
    tools:context=".BlankFragment2">

    <!-- TODO: Update blank fragment layout -->
    <TextView
        android:layout_width="match_parent"
        android:layout_height="match_parent"
        android:text="这是第二个碎片"
        android:textSize="30dp"/>
```

```
</FrameLayout>
```

这里的背景使用了白色，可以把两个碎片很明显地区分开来。现在碎片的 XML 代码布局完毕，还需要在碎片对应的 Java 代码处将其返回 View 对象，才能使用刚刚编写的 XML 界面。当然，也可以在碎片的 Java 代码中不返回 View，而返回其他的视图和控件，比如 ImageView 和 TextView，这种情况下刚才所编写的 XML 界面就失效了，因为返回这些控件的话，是直接使用 Java 代码进行动态添加的，而不是使用 XML。在开发过程中，为了更加准确和精准地实现一个布局，最好还是在 Java 代码中返回 View 对象。下面是 BlankFragment.java 的代码实现：

```
public class BlankFragment extends Fragment {

    public BlankFragment() {
        // Required empty public constructor
```

```
        }
        @Override
        public View onCreateView(LayoutInflater inflater, ViewGroup
container,
                             Bundle savedInstanceState) {
            // Inflate the layout for this fragment
            View
view=inflater.inflate(R.layout.fragment_blank,container,false);
            return view;
        }
    }
```

首先在 onCreateView 的第一行代码中引入了刚才添加的 XML 布局
fragment_blank，第二行代码直接返回了整个 View 对象。接下来是第二个碎片
BlankFragment2.java 的代码：

```
public class BlankFragment2 extends Fragment {


    public BlankFragment2() {
        // Required empty public constructor
    }



    @Override
    public View onCreateView(LayoutInflater inflater, ViewGroup
container,
                             Bundle savedInstanceState) {
        // Inflate the layout for this fragment
        View view=inflater.inflate(R.layout.fragment_blank_fragment2,
container,false);
        return view;
    }


}
```

现在有关碎片的 Java 代码和 XML 代码都完成了，剩下的就是把这两个碎片通
过静态加载的方式添加进主活动中。由于使用的是静态加载的方式，因此使用
XML 进行加载，不需要使用 Java 代码。下面是主活动 activity_main.xml 的代码：

```
<?xml version="1.0" encoding="utf-8"?>
<LinearLayout
xmlns:android="http://schemas.android.com/apk/res/android"
```

```
    xmlns:app="http://schemas.android.com/apk/res-auto"
    xmlns:tools="http://schemas.android.com/tools"
    android:layout_width="match_parent"
    android:layout_height="match_parent"
    android:orientation="horizontal"
    tools:context=".MainActivity">
    <fragment
        android:name="com.example.buttontitile.BlankFragement"
        android:id="@+id/myfragment_1"
        android:layout_weight="1"
        android:layout_width="0dp"
        android:layout_height="match_parent"
        />
    <fragment
        android:name="com.example.buttontitile.BlankFragment2"
        android:id="@+id/myfragment_2"
        android:layout_weight="1"
        android:layout_width="0dp"
        android:layout_height="match_parent"
        />
</LinearLayout>
```

使用<fragment>标签导入碎片，其中的第一个属性 android:name 是为了找到所对应碎片的 Java 代码，前面的 com.example.buttontitile 是包名，后面的 BlankFragement 是所在代码的文件名。看到这里，读者可能有些疑惑，这个包名又是怎么知道的呢？我们来到 BlankFragment.java 文件下查看其中的第一行代码，如图 9-9 所示。

图 9-9　查看包名

可以看到第一行代码就导入了包名 com.example.buttontitile。至于 fragment 标签后面的属性就不再介绍了，前面已经学习过了。值得注意的是，主活动使用了线性布局，并且方向是水平的，因此两个碎片将会一左一右分别位于整个活动的两边，这样静态加载就完成了。现在单击"运行"按钮看一看运行效果，发现与最开始展示的那张图片是相同的。

9.4　动态添加碎片

前面已经学习了静态添加碎片，但是有时希望能够对活动中的不同碎片分时分地地替换和变化，这时就需要动态添加碎片。这里利用动态添加碎片的方式来实现一个简单的底部导航栏。如图 9-10 所示，可以看到这个软件具有两个不同的界面，单击下方的"USB"和"计算机"图标即可切换上方的碎片，也就是对上方的界面进行更换。第一个是"USB"图标所对应的电商首页界面，第二个是"计算机"图标所对应的"爱心"界面（见图 9-11），这两个界面是直接导入的背景图，这些背景图都来自于互联网。随着后面学习的深入，读者也可以自己编写一个真实的界面。

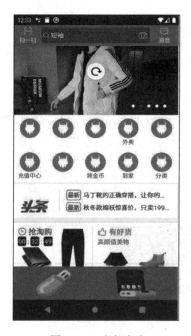

图 9-10　动态碎片 1

图 9-11　动态碎片 2

首先编写主活动的 XML 代码，也就是编写底部标题栏的代码，这里使用 Button 控件的方式对按钮事件进行处理，也就是在整个活动的底部添加两个按钮，单击之后就会触发碎片的（添加/替换/删除）事件。主活动的 XML 代码如下：

```
<?xml version="1.0" encoding="utf-8"?>
<RelativeLayout
```

```
xmlns:android="http://schemas.android.com/apk/res/android"
    xmlns:app="http://schemas.android.com/apk/res-auto"
    xmlns:tools="http://schemas.android.com/tools"
    android:layout_width="match_parent"
    android:layout_height="match_parent"
    tools:context=".MainActivity">

    <LinearLayout
        android:id="@+id/tab_linear"
        android:layout_width="match_parent"
        android:layout_height="wrap_content"
        android:layout_alignParentBottom="true"
        android:orientation="horizontal"
        android:background="@color/colorPrimary">
        <LinearLayout
            android:gravity="center"

            android:orientation="vertical"
            android:layout_weight="1"
            android:layout_width="0dp"
            android:layout_height="80dp">

            <Button
                android:id="@+id/accessibility"
                android:layout_width="wrap_content"
                android:layout_height="wrap_content"
                android:background="@drawable/usb" />
        </LinearLayout>
        <LinearLayout
            android:gravity="center"
            android:id="@+id/home2"
            android:orientation="vertical"
            android:layout_weight="1"
            android:layout_width="0dp"
            android:layout_height="80dp">
            <Button
                android:id="@+id/accessibility_1"
                android:layout_width="wrap_content"
                android:layout_height="wrap_content"
                android:background="@drawable/laptop"/>
        </LinearLayout>
    </LinearLayout>
```

```xml
<FrameLayout
    android:id="@+id/ll_main"
    android:layout_width="match_parent"
    android:layout_height="match_parent"
    android:layout_above="@+id/tab_linear">

</FrameLayout>

</RelativeLayout>
```

从上面的代码中可以看到，整体布局使用的是相对布局，在相对布局中嵌套了一个线性布局，通过相对布局的 layout_alignParentBottom 属性对所嵌套的线性布局起作用，这样就可以把需要添加的两个按钮放置在整个相对布局的下方。在第二层线性布局中，我们还往下嵌套了一层线性布局，这是为了利用最里面的这层线性布局将 Button 和其他控件进行竖直排列，比如 TextView 文字控件就可以排列到 Button 的下方。一般而言，底部标题栏都有一个 LOGO，并且在 LOGO 下方有一个 TextView 来表示这是什么栏目。这里为了方便说明，主要阐述动态碎片的使用，暂时不编写这个控件，稍后会完成一个真正的底部标题栏，就能够很清晰地知道这里嵌套两层布局的作用了。在上方的代码中，可以看到代码的最下方还引入了一个 FrameLayout 布局，这个布局用于和碎片的 Java 代码进行绑定，它位于整个界面的最上方。最后值得一提的是，Button 控件中的图片 LOGO 已经提前导入到 Android Studio 中的 drawable 文件夹下。接下来新建碎片 MyFragment1.java 和 MyFragment2.java 文件。这两个文件创建之后保持原样即可，但是要记得在这两个文件中利用 return 语句将其所对应的碎片的 XML 代码进行绑定。MyFragment1.java 的代码如下：

```java
public class MyFragment1 extends Fragment {
    public MyFragment1() {
        // Required empty public constructor
    }
    @Override
    public View onCreateView(LayoutInflater inflater, ViewGroup container,
                            Bundle savedInstanceState) {
        // Inflate the layout for this fragment
        return inflater.inflate(R.layout.fragment_my_fragment1,
container,false);
    }
}
```

MyFragment2.java 的代码如下：

```
public class MyFragment2 extends Fragment {
    public MyFragment2() {
        // Required empty public constructor
    }
    @Override
    public View onCreateView(LayoutInflater inflater, ViewGroup
container,
                            Bundle savedInstanceState) {
        // Inflate the layout for this fragment
        return inflater.inflate(R.layout.fragment_my_fragment2,
container,false);
    }
}
```

接下来，就可以为主活动 XML 文件中的 Button 控件添加监听器以及按钮单击事件了，一旦触发按钮事件，就可以添加/替换/删除碎片。这里为了实现单击底部导航栏更换上方碎片的效果，应该先添加一个默认打开的碎片，让用户一打开软件就会出现一个界面，之后单击按钮再触发替换其他碎片的事件即可。

在主活动的 Java 代码中动态添加碎片有 5 个步骤：

（1）创建 Fragment 对象，这样才可以调用碎片中的方法。

（2）得到碎片管理者：FragmentManager。

（3）得到 FragmentTransaction。

（4）退回返回栈。

（5）添加/替换/删除碎片并提交。

这些步骤都是在活动的 Java 代码中运行的，而不是在碎片的 Java 代码中运行的。每次需要添加碎片按照这个步骤即可。下面分别展示添加/替换/删除碎片的代码。

（1）向一个空白的地方添加碎片的代码如下：

```
// 创建 Fragment 对象
MyFragment1 fragment1 = new MyFragment1();
// 得到 FragmentManager
FragmentManager manager = getSupportFragmentManager();
// 得到 FragmentTransacation
FragmentTransaction transaction = manager.beginTransaction();
// 添加 Fragment 对象并提交
```

```
transaction.add(R.id.ll_main, fragment1).commit();
```

这里在一个空白的地方添加了名为 MyFragment1 的碎片，最后一步将主活动
上方的 FrameLayout 和这段代码进行绑定，才可以在这个 FrameLayout 上添加相应
的碎片。ll_main 就是这个 FrameLayout 的 id。

（2）替换碎片的代码如下：

```
// 创建 Fragment 对象
MyFragment2 fragment2 = new MyFragment2();
// 得到 FragmentManager
FragmentManager manager = getSupportFragmentManager();
// 得到 FragmentTransacation
FragmentTransaction transaction = manager.beginTransaction();

//将当前操作添加到回退栈，这样单击 back 回到上一个状态
transaction.addToBackStack(null);

// 替换 Fragment 对象并提交
transaction.replace(R.id.ll_main, fragment2).commit();
```

在 FrameLayout 上将之前的碎片替换成名为 MyFragment2 的碎片。

（3）删除 fragment1 碎片的代码如下：

```
// 得到 FragmentManager
FragmentManager manager = getSupportFragmentManager();
// 得到 FragmentTransacation
FragmentTransaction transaction = manager.beginTransaction();
// 移除 Fragment 对象并提交
transaction.remove(fragment1).commit();
```

删除碎片就不需要再次创建碎片对象了，因为之前已经创建了一个碎片对象
才要将其删除。

现在已经清楚动态添加碎片的几种方式了，整合上述代码就可以实现单击底
部导航栏按钮切换上方碎片的功能。首先一打开软件就会呈现一个默认显示的碎
片，因此第一个碎片 MyFragment1 应该使用 add 的方式将其添加到空白区域。底
部导航栏中的"USB"按钮用于切换回 MyFragment1 碎片上。"计算机"按钮则
用于切换到 MyFragment2 所对应的"爱心"界面上。完整的 MainActivity.java 代码
如下：

```
public class MainActivity extends FragmentActivity {

    @Override
```

```java
protected void onCreate(Bundle savedInstanceState) {

    super.onCreate(savedInstanceState);
    setContentView(R.layout.activity_main);//重写onCreate()方法


    // 创建 Fragment 对象
    final MyFragment1 fragment1 = new MyFragment1();
    // 得到 FragmentManager
    FragmentManager manager = getSupportFragmentManager();
    // 得到 FragmentTransacation
    FragmentTransaction transaction =
manager.beginTransaction();
    // 添加 Fragment 对象并提交
    transaction.add(R.id.ll_main, fragment1).commit();

    Button button =(Button) findViewById(R.id.accessibility);
    button.setOnClickListener(new View.OnClickListener() {
        @Override
        public void onClick(View view) {
            showFragment1();
        }
    });
    Button button1=(Button) findViewById(R.id.accessibility_1);
    button1.setOnClickListener(new View.OnClickListener() {
        @Override
        public void onClick(View view) {
            showFragment2();
        }
    });

}
private MyFragment2 fragment2;

public void showFragment2() {
    // 创建 Fragment 对象
    fragment2 = new MyFragment2();
    // 得到 FragmentManager
    FragmentManager manager = getSupportFragmentManager();
    // 得到 FragmentTransacation
    FragmentTransaction transaction =
manager.beginTransaction();
```

```java
        //将当前操作添加到回退栈，这样单击 back 回到上一个状态
        transaction.addToBackStack(null);

        // 替换 Fragment 对象并提交
        transaction.replace(R.id.ll_main, fragment2).commit();
    }
    private MyFragment1 fragment1;
    public void showFragment1() {
        // 创建 Fragment 对象
        fragment1 = new MyFragment1();
        // 得到 FragmentManager
        FragmentManager manager = getSupportFragmentManager();
        // 得到 FragmentTransacation
        FragmentTransaction transaction =
manager.beginTransaction();

        //将当前操作添加到回退栈，这样单击 back 回到上一个状态
        transaction.addToBackStack(null);

        // 替换 Fragment 对象并提交
        transaction.replace(R.id.ll_main, fragment1).commit();
    }
}
```

运行之后，就可以通过单击底部导航按钮来切换当前的界面了。

9.5　技术实战：仿写微信

我们已经知道了如何动态添加碎片，掌握这些知识之后，就可以仿写出一个类似于微信的底部标题栏了。主活动的 XML 代码如下：

```xml
<?xml version="1.0" encoding="utf-8"?>
<RelativeLayout
xmlns:android="http://schemas.android.com/apk/res/android"
    xmlns:app="http://schemas.android.com/apk/res-auto"
    xmlns:tools="http://schemas.android.com/tools"
    android:layout_width="match_parent"
    android:layout_height="match_parent"
    tools:context=".MainActivity">
```

```xml
<LinearLayout
    android:background="#3E4B2828"
    android:id="@+id/tab_linear"
    android:layout_width="match_parent"
    android:layout_height="wrap_content"
    android:layout_alignParentBottom="true"
    android:orientation="horizontal"
    >
    <LinearLayout
        android:id="@+id/home"
        android:orientation="vertical"
        android:layout_weight="1"
        android:layout_width="0dp"
        android:layout_height="60dp">

        <ImageView
            android:layout_gravity="center"
            android:layout_width="40dp"
            android:layout_height="40dp"
            android:src="@drawable/duihua_view"/>

        <TextView
            android:layout_width="wrap_content"
            android:layout_height="wrap_content"
            android:layout_gravity="center"
            android:text="对话"
            android:textColor="@drawable/text_color_back" />

    </LinearLayout>
    <LinearLayout
        android:id="@+id/location"
        android:orientation="vertical"
        android:layout_weight="1"
        android:layout_width="0dp"
        android:layout_height="60dp">

        <ImageView
            android:layout_gravity="center"
            android:layout_width="40dp"
            android:layout_height="40dp"
            android:src="@drawable/tongxunlu_view"/>
```

```
        <TextView
            android:layout_width="wrap_content"
            android:layout_height="wrap_content"
            android:layout_gravity="center"
            android:text="通讯录"
            android:textColor="@drawable/text_color_back" />

    </LinearLayout>
    <LinearLayout
        android:id="@+id/linear_polymer"
        android:orientation="vertical"
        android:layout_weight="1"
        android:layout_width="0dp"
        android:layout_height="60dp">

        <ImageView
            android:layout_gravity="center"
            android:layout_width="40dp"
            android:layout_height="40dp"
            android:src="@drawable/zhinanzhen_view"/>

        <TextView
            android:layout_width="wrap_content"
            android:layout_height="wrap_content"
            android:layout_gravity="center"
            android:text="发现"
            android:textColor="@drawable/text_color_back" />

    </LinearLayout>
    <LinearLayout
        android:orientation="vertical"
        android:id="@+id/linear_user"
        android:layout_weight="1"
        android:layout_width="0dp"
        android:layout_height="60dp">

        <ImageView
            android:layout_gravity="center"
            android:layout_width="40dp"
            android:layout_height="40dp"
            android:src="@drawable/wo_view" />
        <TextView
```

```
                android:layout_gravity="center"
                android:text="我的"
                android:textColor="@drawable/text_color_back"
                android:layout_width="wrap_content"
                android:layout_height="wrap_content"/>

        </LinearLayout>

    </LinearLayout>

    <FrameLayout
        android:id="@+id/fragment_frame"
        android:layout_width="match_parent"
        android:layout_height="match_parent"
        android:layout_above="@+id/tab_linear">

    </FrameLayout>

</RelativeLayout>
```

编写后的界面如图 9-12 所示。

图 9-12　微信底部标题栏

底部标题栏中的 ImageView 并没有引入图像，而是引入了一个 XML 文件。为什么要这样做呢？因为可以在这个文件中设置选中此按钮之前和之后的不同效果。当然，选中之前是黑色的，选中之后是绿色的，这就需要导入这两种颜色的图标，相当于这个图标可以在单击之后进行切换。

添加这个文件的方法如下：

步骤01 右击 res，在弹出的快捷菜单中单击 New→Android Resource File 命令，如图 9-13 所示。

图 9-13　选择 Android Resource File 命令

步骤02 在弹出的对话框中，为 File name 写上符合规则的英文名，这里将第一个对话按钮所创建的文件命名为 duihua_view。Resource type 选择 Drawable，Root element 填写 selector，最后单击 OK 按钮，如图 9-14 所示。

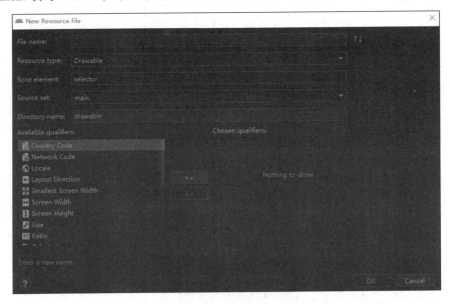

图 9-14　创建 selector 文件

创建完毕后，来到 duihua_view.xml 文件中，将其代码改写为：

```
<?xml version="1.0" encoding="utf-8"?>
<selector xmlns:android=
"http://schemas.android.com/apk/res/android">
    <item android:state_selected="true"
android:drawable="@drawable/duihuayi"/>
    <item android:drawable="@drawable/duihua"/>
</selector>
```

前面第一个 item 的属性 state_selected="true" 表示当选中这个控件时，显示的图片为 drawable 文件夹下的 duihuayi.png，后面的第二个 item 表示当不选中这个控件时，显示的是名为 duihua.png 的图片。每一个底部导航的 ImageView 都需要创建一个这样的文件。当然，这里仅仅创建了有关 ImageView 的 selector，也就是说在我们单击底部的图标之后显示的图片会发生改变，能够让用户感受到单击的效果。但是单击之后文字的颜色不会发生改变，因此还需要为文字也创建一个这样的文件，将其命名为 text_color_back，代码如下：

```
<?xml version="1.0" encoding="utf-8"?>
<selector
xmlns:android="http://schemas.android.com/apk/res/android">
    <item android:state_selected="true"
android:color="@color/colorPrimary"/>
    <item android:color="@android:color/background_dark"/>
</selector>
```

有关 XML 的界面编程到这里就完成了。下面来实现单击换页的逻辑，这个逻辑将会在 Java 代码中实现，代码如下：

```
public class MainActivity extends AppCompatActivity implements
View.OnClickListener{
    LinearLayout homeLinear;
    LinearLayout listLinear;
    LinearLayout polyLinear;
    LinearLayout userLinear;
    Fragment1 fragmentHome;
    Fragment2 fragmentList;
    Fragment3 fragmentPoly;
    Fragment4 fragmentUser;
    private FragmentManager mfragmentManger;
    @Override
    protected void onCreate(Bundle savedInstanceState) {
        super.onCreate(savedInstanceState);
        setContentView(R.layout.activity_main);
```

```
        ActionBar actionBar=getSupportActionBar();
        if(actionBar !=null)
        {
            actionBar.hide();
        }


    if(Build.VERSION.SDK_INT>=Build.VERSION_CODES.KITKAT)
        {
            getWindow().addFlags(WindowManager.LayoutParams.
FLAG_TRANSLUCENT_STATUS);


        }


        homeLinear= (LinearLayout) findViewById(R.id.home);
        listLinear= (LinearLayout) findViewById(R.id.location);
        polyLinear= (LinearLayout)
findViewById(R.id.linear_polymer);
        userLinear= (LinearLayout) findViewById(R.id.linear_user);
        homeLinear.setOnClickListener(this);
        listLinear.setOnClickListener(this);
        polyLinear.setOnClickListener(this);
        userLinear.setOnClickListener(this);
        mfragmentManger = getSupportFragmentManager();
        homeLinear.performClick();
    }
    @Override
    public void onClick(View view) {
        FragmentTransaction fragmentTransaction = mfragmentManger.
beginTransaction();//只能是局部变量，不能是全局变量，否则不能重复commit
        //FragmentTransaction只能使用一次
        hideAllFragment(fragmentTransaction);
        switch (view.getId()){
            case R.id.home:
                setAllFalse();
                homeLinear.setSelected(true);
                if (fragmentHome==null){
                    fragmentHome=new Fragment1("Home");
                    fragmentTransaction.add(R.id.fragment_frame,
fragmentHome);
                }else{
                    fragmentTransaction.show(fragmentHome);
```

```
                }
                break;
            case R.id.location:
                setAllFalse();
                listLinear.setSelected(true);
                if(fragmentList==null){
                    fragmentList=new Fragment2("List");
                    fragmentTransaction.add(R.id.fragment_frame,
fragmentList);
                }else {
                    fragmentTransaction.show(fragmentList);
                }
                break;
            case R.id.linear_polymer:
                setAllFalse();
                polyLinear.setSelected(true);
                if(fragmentPoly==null){
                    fragmentPoly=new Fragment3("Polymer");
                    fragmentTransaction.add(R.id.fragment_frame,
fragmentPoly);
                }else {
                    fragmentTransaction.show(fragmentPoly);
                }
                break;
            case R.id.linear_user:
                setAllFalse();
                userLinear.setSelected(true);
                if(fragmentUser==null){
                    fragmentUser=new Fragment4("User");
                    fragmentTransaction.add(R.id.fragment_frame,
fragmentUser);
                }else {
                    fragmentTransaction.show(fragmentUser);
                }
                break;
        }
        fragmentTransaction.commit();//必须要 commit
    }
    private void hideAllFragment(FragmentTransaction
fragmentTransaction) {
        if(fragmentHome!=null){
            fragmentTransaction.hide(fragmentHome);
```

```
        }
        if(fragmentList!=null){
            fragmentTransaction.hide(fragmentList);
        }
        if(fragmentPoly!=null){
            fragmentTransaction.hide(fragmentPoly);
        }
        if(fragmentUser!=null){
            fragmentTransaction.hide(fragmentUser);
        }

    }
    private void setAllFalse() {
        homeLinear.setSelected(false);
        listLinear.setSelected(false);
        polyLinear.setSelected(false);
        userLinear.setSelected(false);
    }

}
```

这样整个切换的流程就完成了，切换 fragment 就可以单击底部导航栏进行换页，进而得到我们想要的结果。

第 **10** 章

更为强大的 UI 控件

本章将会学习一些更为强大的 UI 控件，它们可以让我们在 Android 开发的道路上得心应手。

10.1　ListView 的使用

这个控件可以将多张图片和文字进行上下滚动，实现的效果如图 10-1 所示。

图 10-1　实现的效果

ListView 控件是 Android 开发中经典的控件之一，经常用于列表的显示，每个列表都具有相同的子布局。当然，想要使用这个控件，需要用到一些新的知识，比如 Adapter（适配器），因为需要将数据（包括图片和文字）通过适配器传递到列表布局 ListView 上，再显示出来。这里首先写出整个主界面的布局，即 activity_main.xml，代码如下：

```xml
<?xml version="1.0" encoding="utf-8"?>
<LinearLayout
xmlns:android="http://schemas.android.com/apk/res/android"
    xmlns:app="http://schemas.android.com/apk/res-auto"
    xmlns:tools="http://schemas.android.com/tools"
    android:layout_width="match_parent"
    android:layout_height="match_parent"
    android:orientation="vertical"
    tools:context=".MainActivity">
<ListView
    android:id="@+id/list_view"
    android:layout_width="match_parent"
    android:layout_height="match_parent">
</ListView>
</LinearLayout>
```

这样 Preview 界面就会显示出多个空列表，如图 10-2 所示。

图 10-2　Preview 中的列表

现在需要做的是对如图 10-2 所示的每个空列表中的布局进行自定义，因此在 layout 文件夹下创建 picture_item.xml 布局，自定义图片和文字的位置与大小，代码如下：

```xml
<?xml version="1.0" encoding="utf-8"?>
<LinearLayout xmlns:android=
"http://schemas.android.com/apk/res/android"
    android:orientation="horizontal"
    android:layout_width="match_parent"
    android:layout_height="match_parent">
<ImageView
    android:layout_width="100dp"
    android:layout_height="100dp"
    android:id="@+id/image"/>
<TextView
    android:gravity="center_vertical"
    android:layout_marginLeft="30dp"
    android:id="@+id/name"
    android:layout_width="wrap_content"
    android:layout_height="wrap_content" />
</LinearLayout>
```

在上面的代码中，首先使用了线性布局，然后设置这个线性布局的方向为水平方向，因为我们指定 ListView 中的单个视图都是以水平方式进行排列的，视图就是指 ListView 中的每一个 item，单个视图联合起来所形成的 ListView 则是垂直排列的。这里首先在代码中编写 ImageView，然后编写 TextView。为了能够适应屏幕，让每张图片位于列表的左边，其长度和宽度均为 100dp。至于 TextView，这里使用了 layout_marginLeft 属性，让其位于图片的右边 30dp 处，它的 id 为 name，长度和宽度就不计较了，以文字本来的大小为准，因为文字的大小并不会对整体的视觉效果产生很大的影响。

这样布局就完成了。剩下的是编写 Java 代码，将图片和文字传入这两个布局中。首先编写对数据源进行封装的代码，创建 Picture.java 文件，也就是 Picture 类，代码如下：

```java
public class Picture {
    private String name;
    private int imageId;
    public Picture(String name,int imageId){
        this.name=name;
        this.imageId=imageId;
```

```
        }

        public String getName() {
            return name;
        }

        public int getImageId() {
            return imageId;
        }
    }
```

接着编写适配器，也就是 Adapter.java 的代码：

```
public class Adapter extends ArrayAdapter<Picture> {
    private int resourceId;
    public Adapter(Context context, int textViewResourceId,
List<Picture> objects){

        super(context, textViewResourceId,objects);
        resourceId=textViewResourceId;
    }
    public View getView(int position, View convertView, ViewGroup
parent)
    {
        Picture fruit=getItem(position);
        View view =
LayoutInflater.from(getContext()).inflate(resourceId,parent,false);
        ImageView
pictureImage=(ImageView)view.findViewById(R.id.image);
        TextView
pictureName=(TextView)view.findViewById(R.id.name);
        pictureImage.setImageResource(fruit.getImageId());
        pictureName.setText(fruit.getName());
        return view;

    }
```

最后编写主活动的代码：

```
public class MainActivity extends AppCompatActivity {
    private List<Picture> pictureList=new ArrayList<>();
    private String[] data={"1","2","3","4","5"};
    @Override
    protected void onCreate(Bundle savedInstanceState) {
```

```
        super.onCreate(savedInstanceState);
        setContentView(R.layout.activity_main);
        init();
        Adapter adapter=new
Adapter(MainActivity.this,R.layout.picture_item,pictureList);
        ListView listView=(ListView)findViewById(R.id.list_view);
        listView.setAdapter(adapter);
    }
    private void init()
    {
        for(int i=0;i<2;i++)//添加这些元素两次，如果想要多添加几次，那么增
加循环次数即可
        {
            Picture one=new Picture("第一张图片",R.drawable.one);
            pictureList.add(one);
            Picture two=new Picture("第二张图片",R.drawable.two);
            pictureList.add(two);
            Picture three=new Picture("第三张图片",R.drawable.three);
            pictureList.add(three);
            Picture four=new Picture("第四张图片",R.drawable.four);
            pictureList.add(four);
            Picture five=new Picture("第五张图片",R.drawable.five);
            pictureList.add(five);
        }
    }
}
```

可以看到，在主活动中创建了 init() 函数，用于初始化 Picture 类并不断地创建其相应的对象。由于这里使用的图片太少了，还不足以占满整个空间，因此利用循环重复创建了两次，让列表循环两次播放出来，这样就可以让数目不多的图片尽可能地填满整个手机屏幕。当然，想要循环更多的次数也没有问题。新建类中的第一个参数传入的是每一个 item 上所写的文字，第二个参数则是传入第一个列表中的图片，这些图片已经提前准备好并放置在 drawable 文件夹下，图片的名称分别为 one、two、three、four、five。初始化完成之后就可以创建 ListView 类引入 ListView 控件，之后再导入 setAdapter 方法将适配器设置为前面所编写的适配器，这样就可以将初始化后的图片和文字传递到 ListView 中。编写完这些之后，运行模拟器，运行后的结果和本节开始显示的结果一样，这里就不展示了。

10.2 ViewPager 的使用

ViewPager 控件可以用于手机左右翻页，只要左右活动，手机就可以显示出不同的界面。本节要实现的是一个简单的 ViewPager，它一共有三个界面，每个界面上都有一个 TextView，并且分别写上"第一个界面""第二个界面""第三个界面"，只要左右滑动手机屏幕，就可以查看不同的界面，如图 10-3~图 10-5 所示。

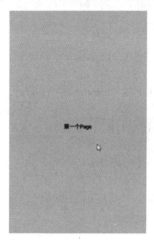 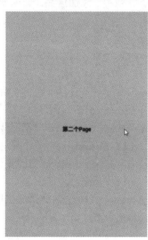 

图 10-3　第一个界面　　　　图 10-4　第二个界面　　　　图 10-5　第三个界面

为了得到如图 10-3~图 10-5 所示的效果，首先应该在主活动对应的 XML 界面 activity_main.xml 中添加 ViewPager 控件，代码如下：

```xml
<?xml version="1.0" encoding="utf-8"?>
<android.support.constraint.ConstraintLayout
xmlns:android="http://schemas.android.com/apk/res/android"
    xmlns:app="http://schemas.android.com/apk/res-auto"
    xmlns:tools="http://schemas.android.com/tools"
    android:layout_width="match_parent"
    android:layout_height="match_parent"
    tools:context=".MainActivity">


    <android.support.v4.view.ViewPager
        android:id="@+id/vpager_one"
        android:layout_width="wrap_content"
```

```
        android:layout_height="wrap_content"
        android:layout_gravity="center" />

</android.support.constraint.ConstraintLayout>
```

主活动所对应的 XML 界面的代码编写好了，现在分别为每个 ViewPager 的界面创建一个 XML 界面，主活动中的 XML 界面仅用来调用 ViewPager 控件，而不能编辑用于展示的这三个界面。现在创建 view_one.xml，代码如下：

```
<?xml version="1.0" encoding="utf-8"?>
<LinearLayout xmlns:android=
"http://schemas.android.com/apk/res/android"
    android:layout_width="match_parent"
    android:layout_height="match_parent"
    android:background="#FFBA55"
    android:gravity="center"
    android:orientation="vertical">

    <TextView
        android:layout_width="wrap_content"
        android:layout_height="wrap_content"
        android:text="第一个 Page"
        android:textColor="#000000"
        android:textSize="18sp"
        android:textStyle="bold" />

</LinearLayout>
```

view_two.xml 的代码如下：

```
<?xml version="1.0" encoding="utf-8"?>
<LinearLayout xmlns:android=
"http://schemas.android.com/apk/res/android"
    android:layout_width="match_parent"
    android:layout_height="match_parent"
    android:background="#FFBA55"
    android:gravity="center"
    android:orientation="vertical">

    <TextView
        android:layout_width="wrap_content"
        android:layout_height="wrap_content"
        android:text="第二个 Page"
```

```
    android:textColor="#000000"
    android:textSize="18sp"
    android:textStyle="bold" />
```

```
</LinearLayout>
```

view_three.xml 的代码如下：

```xml
<?xml version="1.0" encoding="utf-8"?>
<LinearLayout xmlns:android=
"http://schemas.android.com/apk/res/android"
    android:layout_width="match_parent"
    android:layout_height="match_parent"
    android:background="#FFBA55"
    android:gravity="center"
    android:orientation="vertical">

    <TextView
        android:layout_width="wrap_content"
        android:layout_height="wrap_content"
        android:text="第三个 Page"
        android:textColor="#000000"
        android:textSize="18sp"
        android:textStyle="bold" />
</LinearLayout>
```

可以看到在上面的代码中都使用了线性布局作为主布局，并且每个布局的颜色都规定为黄色，然后将 TextView 控件嵌入布局中，这样就可以显示出想要显示的文字，从而区分出这三个界面。当然，仅仅编写 XML 界面的代码是不够的，还需要编写 Java 代码，这样三个界面才可以跟随着用户对手机的操作进行响应。首先是 MyPagerAdapter.java，也就是适配器，有了它才可以将数据和控件 UI 串联起来。需要在主活动的 Java 代码中创建 MyPagerAdapter 的实例：

```java
import android.support.v4.view.PagerAdapter;
import android.view.View;
import android.view.ViewGroup;

import java.util.ArrayList;
public class MyPagerAdapter extends PagerAdapter {

    private ArrayList<View> viewLists;
```

```java
    public MyPagerAdapter() {
    }

    public MyPagerAdapter(ArrayList<View> viewLists) {
        super();
        this.viewLists = viewLists;
    }

    @Override
    public int getCount() {
        return viewLists.size();
    }

    @Override
    public boolean isViewFromObject(View view, Object object) {
        return view == object;
    }

    @Override
    public Object instantiateItem(ViewGroup container, int position)
{
        container.addView(viewLists.get(position));
        return viewLists.get(position);
    }

    @Override
    public void destroyItem(ViewGroup container, int position, Object
object) {
        container.removeView(viewLists.get(position));
    }
}
```

最后是主活动的 Java 代码：

```java
import android.support.v4.view.ViewPager;
import android.support.v7.app.AppCompatActivity;
import android.os.Bundle;
import android.view.LayoutInflater;
import android.view.View;

import java.util.ArrayList;
public class MainActivity extends AppCompatActivity {
    private ViewPager vpager_one;
```

```
private ArrayList<View> aList;
private MyPagerAdapter mAdapter;
@Override
protected void onCreate(Bundle savedInstanceState) {
    super.onCreate(savedInstanceState);
    setContentView(R.layout.activity_main);
    vpager_one = (ViewPager) findViewById(R.id.vpager_one);

    aList = new ArrayList<View>();
    LayoutInflater li = getLayoutInflater();
    aList.add(li.inflate(R.layout.view_one,null,false));
    aList.add(li.inflate(R.layout.view_two,null,false));
    aList.add(li.inflate(R.layout.view_three,null,false));
    mAdapter = new MyPagerAdapter(aList);
    vpager_one.setAdapter(mAdapter);
    }
}
```

在上面的代码中，首先把 ViewPager 对应的主活动的 XML 代码进行实例化，然后创建一个 ArrayList 动态数组，将刚才创建的三个 XML 文件分别放入这个动态数组中，这时 ArrayList 中就拥有了三个元素。最后将 ArrayList 用 MyPagerAdapter 进行接收。这样，一个简单的 ViewPager 控件的例程就编写完了，读者也可以根据自己的喜好对它进行修改。学习了 ViewPager 的知识后，在进行翻页布局的时候就可以使用它了。

10.3　CardView 的使用

CardView 是谷歌公司 Material Design 框架中的一个控件，也是一个很常用的强大控件。使用它可以让界面中的某个区域显得更加优美，例如可以为这个区域设置圆角和阴影。先来看看这个控件运行之后的效果，如图 10-6 所示。

如果要使用这个控件，首先需要在 Gradle 文件中添加依赖库，其代码如下：

```
implementation'com.android.support:cardview-v7:29.3.1'
```

图 10-6　设置圆角和阴影效果

然后在主界面的 XML 中编写如下代码：

```
<?xml version="1.0" encoding="utf-8"?>
<LinearLayout xmlns:android=
"http://schemas.android.com/apk/res/android"
    xmlns:app="http://schemas.android.com/apk/res-auto"
    xmlns:tools="http://schemas.android.com/tools"
    android:layout_width="match_parent"
    android:layout_height="match_parent"
    tools:context=".MainActivity">

    <androidx.cardview.widget.CardView
        android:layout_width="wrap_content"
        android:layout_height="wrap_content"
        android:layout_marginTop="200dp"
        android:layout_marginLeft="50dp"
        android:layout_centerInParent="true"
        app:cardCornerRadius="30dp"
        app:cardElevation="30dp" >

        <ImageView
            android:layout_width="300dp"
            android:layout_height="300dp"
            android:scaleType="fitXY"
```

```
        android:src="@drawable/picture" />

    </androidx.cardview.widget.CardView>

</LinearLayout>
```

从代码中可以发现，我们依然在整个父类布局中使用了线性布局，CardView 中分别使用了宽度、长度等属性，其中重要的是 cardCornerRadius 属性和 cardElevation 属性，这是其他控件所不具备的。cardCornerRadius 属性表示的是圆角的半径，cardElevation 属性表示的是控件周围阴影的大小。接下来向这个控件中插入 ImageView 控件，也就是一张图，这张图会以 CardView（卡片布局）的形式显示出来。

当然，在布局时还可以实现这样的效果，即将文字和图片同时在 CardView 中显示出来，这种显示方式在 Android 开发中更加常见，如图 10-7 所示。

图 10-7　将文字和图片同时显示

其代码如下：

```
<?xml version="1.0" encoding="utf-8"?>
<LinearLayout xmlns:android=
"http://schemas.android.com/apk/res/android"
    xmlns:app="http://schemas.android.com/apk/res-auto"
    xmlns:tools="http://schemas.android.com/tools"
    android:layout_width="match_parent"
```

```
        android:layout_height="match_parent"
        tools:context=".MainActivity">

    <androidx.cardview.widget.CardView
        android:layout_width="wrap_content"
        android:layout_height="wrap_content"
        android:layout_marginTop="200dp"
        android:layout_marginLeft="20dp"
        android:layout_centerInParent="true"
        app:cardCornerRadius="30dp"
        app:cardElevation="30dp" >

        <ImageView
            android:layout_width="160dp"
            android:layout_height="80dp"
            android:src="@drawable/picture" />
        <TextView
            android:layout_width="wrap_content"
            android:layout_height="wrap_content"
            android:layout_marginTop="10dp"
            android:layout_marginLeft="120dp"
            android:textColor="#000000"
            android:text="悉尼歌剧院"
            android:textSize="20sp"/>
        <TextView
            android:layout_width="wrap_content"
            android:layout_height="wrap_content"
            android:layout_marginLeft="120dp"
            android:text="在悉尼每年一届的灯光节上展示出自己独特的魅力"
            android:textColor="#000000"
            android:layout_marginTop="40dp"/>
    </androidx.cardview.widget.CardView>

</LinearLayout>
```

10.4　Splash 快速开屏实现

　　所谓 Splash，就是打开 App 时会在一张图片上停留几秒，在这张图片上一般会对整个 App 的功能进行介绍或者介绍 App 的制造厂商、显示品牌 LOGO

等，也有可能显示出一些广告，再进入程序的主界面。下面就来实现这个程序，实现的逻辑是首先在一张图片上利用线程保留几秒，然后跳转到另一个活动上，这样一个 Splash 就完成了。下面是主活动（也就是开屏程序）MainActivity.java 的代码：

```java
import android.content.Intent;
import android.support.v7.app.AppCompatActivity;
import android.os.Bundle;
import android.view.WindowManager;
import android.widget.Button;
public class MainActivity extends AppCompatActivity {

    @Override
    protected void onCreate(Bundle savedInstanceState) {
        super.onCreate(savedInstanceState);
        setContentView(R.layout.activity_main);
        getWindow().addFlags(WindowManager.LayoutParams.
FLAG_FULLSCREEN);//隐藏状态栏
        getSupportActionBar().hide();//隐藏标题栏
setContentView(R.layout.activity_main);
        Thread myThread=new Thread(){//创建子线程
            @Override public void run() {
                try{
                    sleep(5000);//使程序休眠 5 秒
                    Intent it=new Intent(getApplicationContext(),
PrimaryColor.class);//启动 MainActivity，之后将活动跳转到 PrimaryColor.java
                    startActivity(it); finish();//关闭当前活动
                }catch (Exception e){
                    e.printStackTrace();
                }
            }
        };
        myThread.start();//启动线程     }


    }
```

在上面这段代码中，sleep(5000)可以让程序在当前画面中暂停 5 秒，而 Intent it=new Intent(getApplicationContext(),PrimaryColor.class)的含义是从当前活动跳转到下一个展示给用户的活动 PrimaryColor，这样程序就可以进行定时跳转。最后是主活动所对应的 XML 界面，仅需要添加一个背景参数。

第11章

让你的应用动起来——动画

本章主要介绍Android开发中动画场景的开发，学习了动画操作之后就可以让Android软件动起来，实现美轮美奂的效果。

11.1　帧动画

本节主要讲述Android原生的动画开发。在我们使用App时，肯定多次看到应用中有些图形、图片可以不断地变化，从而形成动画，它们是如何实现的呢？显然是运用到了 Android 原生开发中动画的知识。Android 实现动画的手段有两种，分别是：

● 帧动画。
● 补间动画。

其中帧动画比较简单，它的原理和动画片相似，利用一系列的图片无间隔地播放，从而产生动画效果。要想实现帧动画，首先需要准备几张图片存储在Android Studio 的 drawable 文件夹下。这里一共准备了 5 张图片，它们分别是one.png、sec.png、third.png、forth.png 和 fif.png，如图 11-1 所示。

图 11-1 准备的图片

显然，这几张图片是同一个小朋友，如果这几张图片在同一个界面内循环播放，就会出现动画效果，我们正好可以利用 Android 编程实现这个效果。为了达成动画效果，首先把这几张图片放到 drawable 文件夹下，然后创建一个 XML 文件，用于图片的轮播，但是这个 XML 文件有点特殊，因为它必须创建在 drawable 文件夹下，且这个文件必须以<animation-list>来开头与结尾。

对于很多初学者而言，之前可能没有接触过创建这个 XML 文件的方式，这里先普及一下如何创建此文件：

步骤01 首先将目录切换成 Android 模式，然后右击需要创建的 XML 对应的模块，在弹出的快捷菜单中选择 New，找到 Android Resource File，如图 11-2 所示。

图 11-2 找到 Android Resource File

步骤 **02**　在弹出的对话框中，将 Resource type 选择为 Drawable，在 Root element 中填写 animation-list，然后单击 OK 按钮即可，如图 11-3 所示。

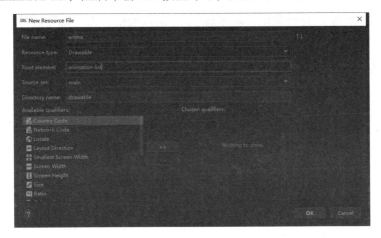

图 11-3　设置相关的选项

这样 animation-list 的 XML 文件就创建好了。接下来在这个文件中编写代码：

```xml
<?xml version="1.0" encoding="utf-8"?>
<animation-list xmlns:android=
"http://schemas.android.com/apk/res/android">
    <item android:drawable="@drawable/one" android:duration="50"/>
    <item android:drawable="@drawable/sec" android:duration="50"/>
    <item android:drawable="@drawable/third"
android:duration="50"/>
    <item android:drawable="@drawable/forth"
android:duration="50"/>
    <item android:drawable="@drawable/fif" android:duration="50"/>
    <item android:drawable="@drawable/one" android:duration="50"/>
    <item android:drawable="@drawable/sec" android:duration="50"/>
    <item android:drawable="@drawable/third" android:duration=
"50"/>
    <item android:drawable="@drawable/forth" android:duration=
"50"/>
    <item android:drawable="@drawable/fif" android:duration="50"/>
    <item android:drawable="@drawable/one" android:duration="50"/>
    <item android:drawable="@drawable/sec" android:duration="50"/>
    <item android:drawable="@drawable/third" android:duration=
"50"/>
    <item android:drawable="@drawable/forth" android:duration=
"50"/>
    <item android:drawable="@drawable/fif" android:duration="50"/>
```

```
</animation-list>
```

在上述代码中，每一张图片每经过 50 个时间间隔，就会跳转到另一张图片进行播放。图片播放的顺序和代码中描述的顺序是一致的，也是从上到下，播放完所有图片之后，帧动画停止循环。然后编写主活动的代码，代码如下：

```xml
<?xml version="1.0" encoding="utf-8"?>
<RelativeLayout xmlns:android=
"http://schemas.android.com/apk/res/android"
    xmlns:tools="http://schemas.android.com/tools"
    android:layout_width="match_parent"
    android:layout_height="match_parent" >

    <ImageView
        android:id="@+id/imageView1"
        android:layout_width="match_parent"
        android:layout_height="237dp"
        android:layout_alignParentStart="true"
        android:layout_centerVertical="true"
        android:background="@drawable/anima" />

</RelativeLayout>
```

最后在 MainActivity.java 中编写 Java 代码，这里设置单击背景时触发的动画，其代码很简单：

```java
import android.app.Activity;
import android.graphics.drawable.AnimationDrawable;
import android.os.Bundle;
import android.view.View;
import android.widget.ImageView;

public class MainActivity extends Activity
{

    @Override
    public void onCreate(Bundle savedInstanceState)
    {
        super.onCreate(savedInstanceState);
        setContentView(R.layout.activity_main);

        ImageView imageView = (ImageView)
```

```
findViewById(R.id.imageView1);

        final AnimationDrawable background = (AnimationDrawable)
imageView
            .getBackground();
        imageView.setOnClickListener(new View.OnClickListener()
        {

            public void onClick(View v)
            {
                background.start();
            }
        });
    }


}
```

使用上述代码，在程序运行之后，还需要单击一下 App 的界面，软件中的小朋友才会奔跑起来。而下面的代码不需要单击，即可让小朋友奔跑起来，代码如下：

```
public class MainActivity extends Activity
    {

    @Override
    public void onCreate(Bundle savedInstanceState)
    {
        super.onCreate(savedInstanceState);
        setContentView(R.layout.activity_main);

        ImageView imageView = (ImageView)
findViewById(R.id.imageView1);

        final AnimationDrawable background = (AnimationDrawable)
imageView.getBackground();

        background.start();


    }
```

11.2 补间动画

补间动画在 Android 开发中也十分常用，补间动画的原理是对已有图像/文字进行旋转、动态变化透明度、缩放以及平移。我们一般处理的是一个对象，而帧动画是多个对象，用多张图片进行轮播。这就是补间动画和帧动画的区别。补间动画一共分为 4 种，它们在 XML 中分别表示为：

（1）透明度变换（Alpha）：对现有控件的透明度进行调整，透明度可以由浅到深，也可以由深到浅。

（2）旋转动画（Rotate）：对现有的控件（头像或文字）进行旋转。

（3）缩放（Scale）：对现有的控件进行放缩，可以采用动态的方式增大控件或者减小控件的大小。

（4）平移（Translate）：将控件从某一个位置动态地移动到另一个位置。

为了完成补间动画的制作，首先创建一个 XML 文件，在其中规定控件需要进行的操作（如旋转或缩放）。这个文件一般存放在 anim 文件夹中，建立 anim 文件夹以及相应的方法如下：

首先右击 res 文件夹，然后单击 new，然后单击 Directory，最后输入我们创建文件夹的名称，这里笔者把这个文件夹命名为 anim，以便于辨识。

接着右击 anim，然后继续单击 new，然后单击 Animation resource file，在弹出来的窗口里填写我们即将新建的 xml 文件名为 animation.xml，最后单击 OK 按钮。

在 animation.xml 文件中输入以下代码，进行渐变（透明度变换）动画的制作：

```xml
<?xml version="1.0" encoding="utf-8"?>
<set xmlns:android="http://schemas.android.com/apk/res/android">
    <alpha
xmlns:android="http://schemas.android.com/apk/res/android"
        android:duration="2000"
        android:fillAfter="true"
        android:fromAlpha="0"
        android:interpolator="@android:anim/linear_interpolator"
        android:repeatCount="10"
        android:repeatMode="reverse"
        android:toAlpha="1">
    </alpha>
```

```
</set>
```

各个参数的含义如下：

duration：表示每一次渐变动画所持续的时间。

fillAfter：表示动画结束时，是否保留动画结束之前最后显示的样子。

fromAlpha：表示动画开始时的透明度，透明度的取值范围是 0~1，0 表示完全透明，1 表示完全不透明。

toAlpha：表示动画结束时的透明度，与 fromAlpha 相对应。

interpolator：表示插值器，默认选用线性插值器。

repeatCount：表示动画重复的次数，如果是-1，就进行无限循环。

repeatMode：表示循环的模式，reverse 是从一次动画结束开始，restart 是从动画的开始处循环。

我们继续在主活动所对应的 XML 文件中编写一个 ImageView，可以把补间动画作用在这个 ImageView 上，让这个 ImageView 进行渐变。编写的代码如下：

```
<?xml version="1.0" encoding="utf-8"?>
<RelativeLayout
xmlns:android="http://schemas.android.com/apk/res/android"
    xmlns:tools="http://schemas.android.com/tools"
    android:layout_width="match_parent"
    android:layout_height="match_parent" >

    <ImageView
        android:id="@+id/imageView1"
        android:layout_width="match_parent"
        android:layout_height="237dp"
        android:layout_alignParentStart="true"
        android:layout_centerVertical="true"
        android:background="@drawable/jinmen" />

</RelativeLayout>
```

然后在主活动中编写代码如下：

```
public class MainActivity extends Activity
{

    @Override
    public void onCreate(Bundle savedInstanceState)
    {
```

```
        super.onCreate(savedInstanceState);
        setContentView(R.layout.activity_main);

        ImageView imageView = (ImageView)
findViewById(R.id.imageView1);
        Animation alpha = AnimationUtils.loadAnimation(this,
R.anim.animation);
        imageView.startAnimation(alpha);


    }
}
```

接下来运行 Android App，可以看到我们导入的大桥图片发生了渐变，如图 11-4 所示。

当然，除了渐变动画外，还有其余三个动画方式没有讲，不过那三个动画的实现原理相同。

下面实现旋转动画，修改 animation.xml 为：

```
<?xml version="1.0" encoding="utf-8"?>
<set
xmlns:android="http://schemas.android.com/a
pk/res/android">
    <rotate
        android:duration="2000"
        android:fromDegrees="0"
        android:pivotX="50%"
        android:pivotY="50%"
        android:repeatCount="-1"
        android:toDegrees="360">
    </rotate>
</set>
```

图 11-4　实现渐变动画

各个参数的含义如下：

fromDegrees：表示起始的角度。

toDegrees：表示需要旋转到的角度。

pivotX：表示旋转中心点的 x 坐标，50%表示在这个控件的 x 轴的中点处。

pivotY：表示旋转中心点的 y 坐标，50%表示在这个控件的 y 轴的中点处。

实现的效果如图 11-5 和图 11-6 所示。

图 11-5　实现旋转的动画 1　　　　　图 11-6　实现旋转的动画 2

下面实现缩放动画，把 animation.xml 中的代码修改为：

```xml
<?xml version="1.0" encoding="utf-8"?>
<set xmlns:android="http://schemas.android.com/apk/res/android">
    <scale
        android:duration="2000"
        android:fromXScale="0.5"
        android:fromYScale="0.5"
        android:pivotX="50%"
        android:pivotY="50%"
        android:repeatCount="-1"
        android:toXScale="2.0"
        android:toYScale="2.0">
    </scale>
</set>
```

各个参数的含义如下：

fromXScale 和 fromYScale：表示在缩放时，x 和 y 坐标的起始大小，0.5 表示自身的一半，3 则表示自身大小的 3 倍。

toXScale 和 toYScale：表示控件在进行缩放时，x 轴和 y 轴经过缩放结束之后控件的大小。

pivotX/Y：表示进行缩放的中心位置，也是使用百分比的形式来显示的。

运行之后的结果如图 11-7 和图 11-8 所示。

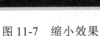

图 11-7　缩小效果　　　　　　　　图 11-8　放大效果

下面实现动画的平移，把 animation.xml 中的代码修改如下：

```xml
<?xml version="1.0" encoding="utf-8"?>
<set xmlns:android="http://schemas.android.com/apk/res/android">
    <translate
        android:duration="2000"
        android:fromXDelta="0%"
        android:fromYDelta="0%"
        android:toXDelta="50%"
        android:toYDelta="100%"
        android:repeatCount="-1">
    </translate>
</set>
```

各个参数的含义如下：

fromX/YDelta：x/y 的起始位置。
toX/YDelta：x/y 的结束位置。

实现的效果如图 11-9 和图 11-10 所示。

图 11-9　图片的起始位置　　　　图 11-10　图片的结束位置

将补间动画的属性联合起来使用也很容易，把不同的属性并列地放在 set 标签下，图片即可在实现平移的同时实现缩放，代码如下：

```
<?xml version="1.0" encoding="utf-8"?>
<set xmlns:android="http://schemas.android.com/apk/res/android">
    <translate
        android:duration="2000"
        android:fromXDelta="0%"
        android:fromYDelta="0%"
        android:toXDelta="50%"
        android:toYDelta="100%"
        android:repeatCount="-1">
    </translate>
    <scale
        android:duration="2000"
        android:fromXScale="0.5"
        android:fromYScale="0.5"
        android:pivotX="50%"
        android:pivotY="50%"
        android:toXScale="2.0"
        android:toYScale="2.0">
    </scale>
</set>
```

本章就讲解到这里，读者可以多练习一些自己想要实现的动画效果。

第12章

访问网络

本章主要介绍 Android 手机对网络的访问，移动 App 必须具有访问网络的功能，只有这样才能将手机和互联网连接起来，比如在网上购买电影票、点餐等 App 都具有联网的功能，移动 App 联网也是互联网中的革命性技术。

12.1 Webview 控件的使用

我们运用 Webview 控件可以对网页进行访问，也就是可以在一个App里面查看网页，打造一个属于自己的浏览器。实现的效果如图 12-1 所示。

为了实现这个效果，我们首先编写 XML 文件，在 XML 文件中添加 Webview 控件，实现的代码如下：

```
<?xml version="1.0" encoding="utf-8"?>
<LinearLayout xmlns:android="http://
schemas.android.com/apk/res/android"
xmlns:app="http://schemas.android.com/ap
k/res-auto"
```

图 12-1 属于自己的浏览器

```
xmlns:tools="http://schemas.android.com/tools"
android:layout_width="match_parent"
    android:layout_height="match_parent"
    android:orientation="vertical"
    tools:context=".SecondActivity"
    android:background="@drawable/ic_launcher">
    <WebView
    android:id="@+id/webView"
    android:layout_width="match_parent"
    android:layout_height="match_parent" />
</LinearLayout>
```

可以看到，这里使用了线性布局以及 WebView 控件，tools:context=
".SecondActivity" 说明这个控件是定义在第二个主活动中的。这里把这个
WebView 写到第一个主活动中也是可行的，只是笔者写到了第二个活动中而已。
这个控件的唯一标识符是@+id/WebView。这个标识符有利于在第二个主活动中对
这个控件的布局进行调用。这样，我们的 XML 代码就编写好了。下面编写第二个
主活动（当然，读者也可以使用第一个主活动中编写的 Java 代码来实现控件背后
的业务逻辑，笔者是在第二个主活动中实现的，并无实质的区别）。

之后开始程序逻辑的实现，开始编写 Java 代码，在编写 Java 代码之前需要导
入一些程序包，没有这些程序包的话可能会报错。需要导入的程序包有：

```
import android.net.http.SslError;
import android.os.Bundle;
import android.webkit.SslErrorHandler;
import android.webkit.WebSettings;
import android.webkit.WebView;
import android.webkit.WebViewClient;
```

然后开始编写主活动（或者说第二个活动），这里继承的是 AppCompatActivity
类：

```
public class SecondActivity extends AppCompatActivity {
    private WebView webView;
    @Override
    protected void onCreate(Bundle savedInstanceState) {
        super.onCreate(savedInstanceState);
        setContentView(R.layout.second_layout);
        init();
    }
```

```
private void init(){
    webView = (WebView) findViewById(R.id.webView);
    //需要加载的网页的 URL
    webView.loadUrl("https://www.google.com");
    WebSettings settings = webView.getSettings();
    settings.setJavaScriptEnabled(true);
    webView.setWebViewClient(new WebViewClient(){
        public boolean shouldOverrideUrlLoading(WebView view,
String url){
            view.loadUrl(url);
            return true;
        }
    });}}
```

使用这种方法可以十分容易地实现对网页的访问。WebView 控件的代码后面加载的是 HTTP 协议所对应的网站，但是仅应用这些代码只能够实现在 App 中查看具有 HTTP 协议的网站，如果只想访问具有 HTTP 协议的网站，这些就够了。不过，如果想要访问具有 HTTPS 协议的网站，那么还必须在 init()方法下面加上这一段代码：

```
webView.setWebViewClient(new WebViewClient() {
        @Override
        public void onReceivedSslError(WebView view,
SslErrorHandler handler, SslError error) {
            //等待证书响应
            handler.proceed();
        }
    });
```

这时软件的逻辑就全部编写完毕了。当程序运行时，Android Studio 不会报错，但是我们打开 App 时发现打不开网页，App 上会显示 NET::ERR_CACHE_MISS 的错误提示信息，因此我们需要到程序编写的最后一步来编写 WebView 控件。

最后一步是注册这个网络访问的权限，也就是在 AndroidManifest.xml 中对网络权限进行注册，之前报错就是因为没有编写注册权限。注册的代码如下：

```
<uses-permission android:name="android.permission.INTERNET" />
```

这样就可以让 Android 应用访问网站了。

12.2　Get 请求的实现

在移动 App 的开发中，很多功能并不需要我们从底层开始全部逐一来实现，因为如果自己来实现，一是十分消耗时间，二是在编写的过程中要不断地解决各种 Bug，这样会浪费我们大量的精力。而在 GitHub 中有前人已经实现过的功能，并且将其开源，作为开发者就可以利用这些资源，从而节省开发的时间，提高编写代码的效率。在网络访问中，一个著名的框架是谷歌的 Volley 框架，这个框架可以用来实现访问网络、解析网络上的数据等功能。

在 Android 开发中，我们必须会使用数据交互，比如从网络中得到数据，或者把数据写入软件等。要实现这些功能，需要使用通信协议来完成，常用的是HTTP协议，而 HTTP 协议具有 Get 和 Post 两种常见的请求方式来获取服务器端的数据。从底层直接实现 Get 请求和 Post 请求是相当困难的，因此我们需要调用一些现成的框架。什么是 Get 请求呢？就是将我们想要提交的参数放到 URL 地址的后面，这种形式对具有隐私性质的参数是不太合适的，对数据量的大小也有一定的限制。而 Post 请求是把参数放在消息体内发送放到服务器端，对数据量的大小没有限制。我们可以根据具体的情况来使用 Get 请求或 Post 请求。如果要向服务器请求数据，就需要从 Android App 上向服务器发送 Get 请求或 Post 请求。下面来看 Get 请求是如何用 Volley 实现的。

为了把 Volley 这个框架添加到项目中，我们在 Gradle 文件中添加依赖库，代码如下：

```
implementation 'com.android.volley:volley:1.1.1'
```

同时，在 AndroidManifest 中添加网络权限：

```
<uses-permission android:name="android.permission.INTERNET"/>
```

首页布局如图 12-2 所示。

在这个布局中，我们将 Volley 框架的所有功能都做成了一个按钮，单击按钮之后就会在"显示结果"的区域显示出结果，显示结果区域使用了一个 ScrollView，并在 ScrollView 下嵌套了一个 TextView 和 ImageView，用于显示加载成功之后的图片和文字。

图 12-2　首页布局

下面是首页布局的代码：

```xml
<?xml version="1.0" encoding="utf-8"?>
<LinearLayout
xmlns:android="http://schemas.android.com/apk/res/android"
    xmlns:app="http://schemas.android.com/apk/res-auto"
    xmlns:tools="http://schemas.android.com/tools"
    android:layout_width="match_parent"
    android:layout_height="match_parent"
    android:orientation="vertical"
    tools:context=".MainActivity">
<Button
    android:id="@+id/get"
    android:layout_width="match_parent"
    android:layout_height="wrap_content"
    android:text="GET 请求"/>
    <Button
        android:id="@+id/post"
        android:layout_width="match_parent"
        android:layout_height="wrap_content"
        android:text="POST 请求"/>
    <Button
```

```
            android:id="@+id/json"
            android:layout_width="match_parent"
            android:layout_height="wrap_content"
            android:text="请求 JSON"/>
    <Button
            android:id="@+id/ImageRquest"
            android:layout_width="match_parent"
            android:layout_height="wrap_content"
            android:text="IMAGERQUEST 加载图片"/>
    <TextView
            android:text="显示结果"
            android:textSize="20sp"
            android:layout_width="wrap_content"
            android:layout_height="wrap_content" />
    <ImageView
            android:visibility="gone"
            android:id="@+id/iv_volley"
            android:layout_width="wrap_content"
            android:layout_height="wrap_content" />
    <com.android.volley.toolbox.NetworkImageView
            android:id="@+id/NetWork"
            android:visibility="gone"
            android:layout_width="200dp"
            android:layout_height="200dp" />
    <ScrollView
        android:layout_width="match_parent"
        android:layout_height="match_parent">
        <TextView
            android:id="@+id/tv_volley_result"
            android:layout_width="match_parent"
            android:layout_height="match_parent" />
    </ScrollView>
</LinearLayout>
```

为了实现 Get 请求，一共需要三步，分别是：

（1）创建一个请求队列。

（2）创建一个请求。

（3）将创建的请求添加到请求队列中。

在创建请求时，必须同时编写两个监听器：一个用于实现请求，正确接收数据的回调；另一个用于发生异常之后的回调。这里我们准备了 JSON 数据，JSON

数据可以从谷歌或者百度上找到相应的网址。比如我们可以在网络上搜索有哪些可用的 JSON 数据，搜索到之后就可以请求这个 JSON 数据（同时删除原文中的"接送"二字），没有搜索到则可以自己搭建一个本地服务器，然后将 JSON 数据放置上去。

当对 JSON 数据进行 Get 请求时，如果在文本显示区返回的数据和这个网站上面的数据相同，就表示请求成功了。如果不同，也会显示出错的原因。

实现的核心代码如下：

```java
public void initListener()
    {
        get.setOnClickListener(new View.OnClickListener() {
            @Override
            public void onClick(View view) {
                //创建一个请求队列
                RequestQueue
requestQueue=Volley.newRequestQueue(MainActivity.this);
                //创建一个请求
                String url="url";#里面的url需要替换成进行Get请求数据
的网址
                StringRequest stringRequest=new StringRequest(url,
new Response.Listener<String>() {
                    //正确接收数据之后的回调
    @Override
                    public void onResponse(String response) {
                    tv_volley_result.setText(response);
                    }
                }, new Response.ErrorListener() {//发生异常之后的监
听回调
                     @Override
                    public void onErrorResponse(VolleyError error) {
                        tv_volley_result.setText("加载错误"+error);
                    }
                });
                //将创建的请求添加到请求队列中
requestQueue.add(stringRequest);
            }
        });
```

全部主活动的 Java 代码如下：

```java
import android.graphics.Bitmap;
import android.os.Bundle;
import android.view.View;
```

```java
import android.widget.Button;
import android.widget.ImageView;
import android.widget.TextView;

import androidx.appcompat.app.AppCompatActivity;

import com.android.volley.AuthFailureError;
import com.android.volley.Request;
import com.android.volley.RequestQueue;
import com.android.volley.Response;
import com.android.volley.VolleyError;
import com.android.volley.toolbox.ImageRequest;
import com.android.volley.toolbox.JsonObjectRequest;
import com.android.volley.toolbox.NetworkImageView;
import com.android.volley.toolbox.StringRequest;


import org.json.JSONObject;

import java.util.HashMap;
import java.util.Map;

import static com.android.volley.toolbox.Volley.newRequestQueue;

public class MainActivity extends AppCompatActivity {
    private Button get;
    private Button post;
    private Button json;
    private Button imagerequest;

    private ImageView iv;
    private TextView tv_volley_result;
    @Override
    protected void onCreate(Bundle savedInstanceState) {
        super.onCreate(savedInstanceState);
        setContentView(R.layout.activity_main);
        initview();
        initListener();


    }
    public void initview()//把需要初始化的控件的逻辑都编写在这里是一个很好
的编程范式
```

```
    {

        get=findViewById(R.id.get);
        post=findViewById(R.id.post);
        json=findViewById(R.id.json);
        imagerequest=findViewById(R.id.ImageRquest);
        iv=findViewById(R.id.iv_volley);
        tv_volley_result=findViewById(R.id.tv_volley_result);



    }
    public void initListener()
    {
        get.setOnClickListener(new View.OnClickListener() {
            @Override
            public void onClick(View view) {
                //创建一个请求队列
                RequestQueue requestQueue= (RequestQueue)
newRequestQueue(MainActivity.this);
                //创建一个请求
                String url="url";#需要替换成我们想要请求的网络链接
                StringRequest stringRequest=new StringRequest(url,
new Response.Listener<String>() {
                    //正确接收数据之后的回调
                    @Override
                    public void onResponse(String response) {
                        tv_volley_result.setText(response);
                    }
                }, new Response.ErrorListener(){//发生异常之后的监听回调
                    @Override
                    public void onErrorResponse(VolleyError error) {
                        tv_volley_result.setText("加载错误"+error);
                    }
                });
                //将创建的请求添加到请求队列中
                requestQueue.add(stringRequest);
            }
        });


        post.setOnClickListener(new View.OnClickListener() {
```

```java
            @Override
            public void onClick(View view) {
                // 1.创建一个请求队列
                RequestQueue requestQueue =
newRequestQueue(MainActivity.this);

                // 2.创建一个 Post 请求
                String url = "url";#在双引号内替换成自己想要访问的url
                StringRequest stringRequest = new
StringRequest(Request.Method.POST, url, new Response.Listener<String>()
{
                    @Override
                    public void onResponse(String s) {
                        tv_volley_result.setText(s);
                    }
                }, new Response.ErrorListener() {
                    @Override
                    public void onErrorResponse(VolleyError
volleyError) {
                        tv_volley_result.setText("请求失败" +
volleyError);
                    }
                }) {
                    @Override
                    protected Map<String, String> getParams() throws
AuthFailureError {

                        Map<String, String> map = new HashMap<String,
String>();
    //                      map.put("value1","param1");

                        return map;
                    }
                };

                // 3.将 Post 请求添加到队列中
                requestQueue.add(stringRequest);


            }
        });
```

```java
        json.setOnClickListener(new View.OnClickListener() {
            @Override
            public void onClick(View view) {
                // 1.创建一个请求队列
                RequestQueue requestQueue =
newRequestQueue(MainActivity.this);

                // 2.创建一个请求
                String url = "url"; //替换成我们想请求的 JSON 文件的 url 路径
                //JsonArrayRequest jsonObjectRequest2=......
                JsonObjectRequest jsonObjectRequest = new
JsonObjectRequest(url, null, new Response.Listener<JSONObject>() {
                    @Override
                    public void onResponse(JSONObject jsonObject) {
                    tv_volley_result.setText(jsonObject.toString());
                    }
                }, new Response.ErrorListener() {
                    @Override
                    public void onErrorResponse(VolleyError
volleyError) {
                        tv_volley_result.setText("请求失败" +
volleyError);
                    }
                });

                // 3.将创建的请求添加到请求队列中
                requestQueue.add(jsonObjectRequest);

    //这一步完成之后就可以使用 JSON 解析了

            }
        });

        imagerequest.setOnClickListener(new View.OnClickListener(){
            @Override
            public void onClick(View view) {
                // 1.创建一个请求队列
                RequestQueue requestQueue =
newRequestQueue(MainActivity.this);

                // 2.创建一个图片的请求
                String url = "url";//替换成我们想请求的图片的 url
```

```
            ImageRequest imageRequest = new ImageRequest(url, new
Response.Listener<Bitmap>() {
                @Override
                public void onResponse(Bitmap bitmap) {
                    // 正确接收到图片
                    iv.setVisibility(View.VISIBLE);//将图片设置为可见
                    iv.setImageBitmap(bitmap);      //将接收到的图片
Bitmap 对象传入 imageview 中
                }
            }, 0, 0, Bitmap.Config.RGB_565, new
Response.ErrorListener() {
                //前面两个 0。参数 0 表示加载图片的最大宽度和高度，后面的
Bitmap.Config.RGB_565 表示图片的质量
                @Override
                public void
onErrorResponse(VolleyError volleyError){

iv.setImageResource(R.drawable.fail);
                }
            });
```

```
            // 3. 将请求添加到请求队列中
            requestQueue.add(imageRequest);


        }
    });
    }
}
```

运行程序，若单击屏幕上的 Get 按钮得到如图 12-3 所示的界面，则请求成功。

打开所请求的网页（部分），如图 12-4 所示，这是一系列的 JSON 数据。

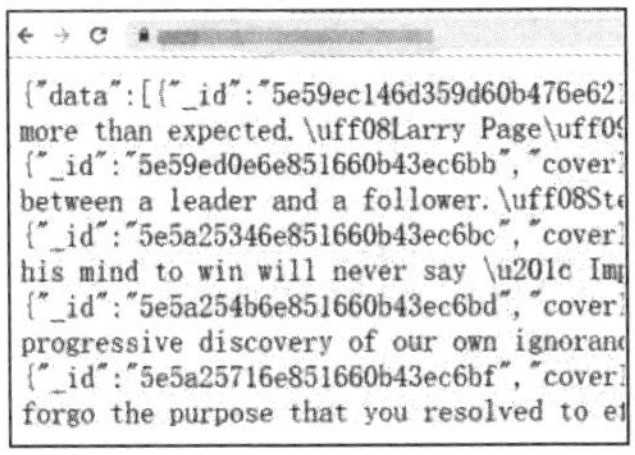

图 12-3 显示结果

图 12-4 一系列的 JSON 数据

12.3　Post 请求的实现

　　Post 请求的原理和 Get 请求类似，也可以用于请求网络中的数据。我们依然使用前面的代码模板，只需要更改主活动中的 Java 代码即可。在实现 Get 请求时，我们在 Java 代码中创建了 Post 按钮的监听器，只是没有实现它而已，现在我们补充这段 Post 请求的代码。Post 请求实现的过程为：首先创建一个请求队列，然后创建一个请求，最后将创建的请求添加到请求队列中，与 Get 请求完全一样。在前面的模板中添加实现 Post 监听器的部分，代码如下：

```java
post.setOnClickListener(new View.OnClickListener() {
        @Override
        public void onClick(View view) {
            // 1.创建一个请求队列
            RequestQueue requestQueue =
Volley.newRequestQueue(MainActivity.this);

            // 2.创建一个 Post 请求
            String url = "url";//替换成我们想进行 Post 请求的 url
            //url 形如 www.xxxx.com
            StringRequest stringRequest = new
StringRequest(Request.Method.POST, url, new
Response.Listener<String>() {
                @Override
                public void onResponse(String s) {
                    tv_volley_result.setText(s);
                }
            }, new Response.ErrorListener() {
                @Override
                public void onErrorResponse(VolleyError
volleyError) {
                    tv_volley_result.setText("请求失败" +
volleyError);
                }
            }) {
                @Override
                protected Map<String, String> getParams() throws
AuthFailureError {
```

```
                      Map<String, String> map = new
HashMap<String, String>();//
map.put("value1","param1");

                          return map;
                 }
            };

            // 3.将 Post 请求添加到队列中
    requestQueue.add(stringRequest);

        }
    });
```

12.4　JSON 请求的实现

JSON 请求的实现和 Post 请求的实现类似，在代码模板中补充以下代码即可：

```
json.setOnClickListener(new View.OnClickListener() {
        @Override
        public void onClick(View view) {// 1.创建一个请求队列
            RequestQueue requestQueue =
Volley.newRequestQueue(MainActivity.this);

            // 2.创建一个请求
            String url = "url";//替换成我们想进行 JSON 请求的url

            //JsonArrayRequest jsonObjectRequest2=......
            JsonObjectRequest jsonObjectRequest = new
JsonObjectRequest(url, null, new Response.Listener<JSONObject>()
{
                @Override
                public void onResponse(JSONObject jsonObject) {

tv_volley_result.setText(jsonObject.toString());
                }
            }, new Response.ErrorListener() {
                @Override
                public void onErrorResponse(VolleyError
volleyError) {
```

```
                        tv_volley_result.setText("请求失败" +
volleyError);
                }
            });

            // 3.将创建的请求添加到请求队列中
    requestQueue.add(jsonObjectRequest);
    //这一步完成之后就可以使用 JSON 解析了
        }
    });
```

12.5　ImageRequest 请求的实现

这个请求用于加载网络上的图片，我们可以随便在网络上找到一张图片的地址，然后使用 Volley 框架中的 ImageRequest 来加载。图片地址一定要用.jpg 来结尾，这样才可以加载入 Android 中。我们在这段代码中也是沿用之前的思路，同样的，如果图片加载不成功，就加载本地的图片。为了预防网络图片加载不成功，我们首先把一张名为 fail.png 的图片放到 drawable 文件夹下，这样就可以在图片加载失败的情况下进行调用。

```
    imagerequest.setOnClickListener(new View.OnClickListener() {
        @Override
            public void onClick(View view) {
                // 1.创建一个请求队列
                RequestQueue requestQueue =
Volley.newRequestQueue(MainActivity.this);

                // 2.创建一个图片的请求
                String url = "URL";//替换成我们想加载图片的网络 URL
                ImageRequest imageRequest = new ImageRequest(url, new
Response.Listener<Bitmap>() {
                    @Override
                    public void onResponse(Bitmap bitmap) {
                      // 正确接收到图片
                      iv.setVisibility(View.VISIBLE);//将图片设置为可见
                      iv.setImageBitmap(bitmap);//将接收到的图片 Bitmap
对象传入 imageview 中                }
                }, 0, 0, Bitmap.Config.RGB_565, new
```

```
Response.ErrorListener() {
                //前面两个 0。参数 0 表示加载图片的最大宽度和高度，后面的
Bitmap.Config.RGB_565 表示图片的质量
                @Override
            public void onErrorResponse(VolleyError volleyError) {
                    iv.setImageResource(R.drawable.fail);
                }
        });

        // 3.将请求添加到请求队列中
requestQueue.add(imageRequest);


        }
    });
```

　　运行代码，单击 Android 界面上的"IMAGEREQUEST 加载图片"按钮，就可以得到如图 12-5 所示的效果。

图 12-5　加载图片

12.6　技术实战：轻松搞定向女朋友表白的软件

　　在学习了动画以及 Android 访问网络的各种操作之后，大家是不是已经跃跃欲试，想要做出一个实际的应用了呢？这里笔者带领大家编写一个用于向女朋友表白

的应用。作为程序员，不仅工作很酷，可以每天编写代码，就连向女朋友表白也比普通人多了一个更加实用的技能。在我们平时的生活中，经常会看到一些向女朋友表白的 HTML 网页，但是 Android 端的表白软件可以说是基本没有，笔者在全网搜了一下，就没有一个可以用的。Android 端的表白软件可以给人一种定制和精美的感觉，这是网页做不到的。下面教大家使用 Android 技术来完成一个向女朋友表白的应用，这里采用 Web 与 Android 原生混合开发的技术，引入腾讯 X5 内核替换 WebView，可以让软件的加载速度提高 30%。

在我们想要设计一个软件时，首先应当明白这个软件的应用流程是怎样的，比如这个界面有什么功能，另外一个界面又有什么功能。在这里，这个表白软件的使用流程如下：

（1）首页开屏暂停 3 秒，固定背景图。

（2）进入表白界面。

（3）如果想要离开，单击手机上的返回按钮，但无论怎么单击也退不出去。

（4）开始表白。

（5）表白成功之后，出现烟花场景，然后跳转至微信，自动和男朋友聊天（也可以跳转到 QQ 等任何软件，只需要改一个字符串即可）。

软件每一个流程的图像如图 12-6~图 12-9 所示。

图 12-6　软件开屏场景

图 12-7　软件进入后的场景

图 12-8　开始表白　　　　　　　　　图 12-9　开始表白 2

如果读者对本软件的代码有一些疑惑，可以直接访问 GitHub 上的开源代码来辅助理解，链接为 https://github.com/Geeksongs/ExpressLove。

首先编写 MainActivity.java 文件，这个活动（Java 文件）位于 ExpressLove\app\src\main\java\com\example\lenovo\expresslove 文件夹下。我们在这个活动中写入一个 hander，进入延时，延时到了之后跳转到第二个活动，这个活动让我们的首页开屏暂停 3 秒，固定背景图，如果想要更换背景图，则可以对下载下来的 ExpressLove\app\src\main\res\drawable 文件夹中的 timg.png 图片进行更换，但更换后的名称要保持一致。想要更改延时的长短，可以在下面的代码中进行修改，其中的注释比较详细。

```
package com.example.lenovo.expresslove;

import android.app.Activity;
import android.content.Intent;
import android.os.Bundle;

import android.os.Handler;
import android.support.v7.app.ActionBar;
import android.support.v7.app.AppCompatActivity;
import android.view.WindowManager;
import android.webkit.WebViewClient;
```

```java
import com.tencent.smtt.sdk.WebView;

public class MainActivity extends AppCompatActivity {
    @Override
    protected void onCreate(Bundle savedInstanceState) {
        super.onCreate(savedInstanceState);
        setContentView(R.layout.activity_main);

        ActionBar actionBar=getSupportActionBar();//后面几行都用于隐藏
标题栏
        if(actionBar !=null)
        {
            actionBar.hide();
        }
        getWindow().setFlags(WindowManager.LayoutParams.
FLAG_FULLSCREEN, WindowManager.LayoutParams.FLAG_FULLSCREEN);
        getSupportActionBar().hide();
        new Handler().postDelayed(new Runnable(){ // 为了减少代码使用,
匿名 Handler 创建一个延时的调用
            public void run() {
                Intent i = new Intent(MainActivity.this,
Main2Activity.class);//延时之后跳转到活动 2 main2activity.java
                MainActivity.this.startActivity(i);
                MainActivity.this.finish();
            } }, 3000);//3000 表示延时 3 秒
    }
}
```

然后在 activity_main.xml 中编写布局的代码,位于 ExpressLove\app\src\main\res\layout 下的 activity_main.xml 文件夹中,代码如下:

```xml
<?xml version="1.0" encoding="utf-8"?>
<LinearLayout
xmlns:android="http://schemas.android.com/apk/res/android"
    xmlns:tools="http://schemas.android.com/tools"
    android:layout_width="match_parent"
    android:layout_height="match_parent"
    android:orientation="vertical"
    android:background="@drawable/timg">
</LinearLayout>
```

现在开始编写第二个活动 main2activity.java,这个活动和 Mainactivity.java 在同一个文件夹下,这个活动就引入了心形动态图的界面。这部分代码由以下几部

分组成：

（1）这里可选择加入腾讯 X5 内核，由于这个活动后面的背景动态是通过 WebView 来加载的，第一次打开软件的速度会偏慢，如果去掉注释，删除 WebView 控件的调用，使用 X5 内核会提高加载速度。下面的注释也比较详细。

（2）由于背后的动态是 HTML5 文件，这个文件放置在笔者已经创建好的 asset 文件夹下，如果想要更改后面的背景动态，那么可以直接到 ExpressLove\app\src\main\assets 文件夹下查看已经给出的 HTML5 背景动态(GitHub 链接的源码中)，如果不满意可以自己替换，笔者已经在里面注入了 index.html、index2.html、index3.html、index4.html 四个背景动态，其效果可以自行在计算机浏览器中查看，读者也可以在 WebView 代码实现处进行更改。如果想要显示动态的背景文字，稍后会详细解释。

（3）引入文字动画，但是这个动画需要创建新的 XML 文件来完成，这个活动中仅仅是 Java 代码对 XML 动画的调用，实现的是顶部标题栏文字的渐变动画，代码从 animation 处开始，使用的是补间动画的知识，稍后会给出新 XML 文件的代码。

（4）表白过程，主要使用了对话框的技术，如果用户首先单击了软件上的"点我啦"按钮，就会跳转到一个对话框，而对话框中只有一个按钮，在代码中利用对话框的嵌套，从而实现单击对话框中按钮之后又出现新的对话框，直到单击完对话框为止。

（5）无法返回桌面的精美对话框 Dialog 的制作。如果用户单击了手机上的返回按钮，就会出现"小姐姐别离开好吗？"，无论是单击"确定"还是"返回"按钮都会返回第二个活动中，并不会退出软件。

这部分的代码如下：

```
import android.app.Dialog;
import android.content.DialogInterface;
import android.content.Intent;
import android.os.Build;
import android.os.Handler;
import android.support.v7.app.ActionBar;
import android.support.v7.app.AlertDialog;
import android.support.v7.app.AppCompatActivity;
import android.os.Bundle;
import android.view.KeyEvent;
import android.view.View;
import android.view.Window;
```

```java
import android.view.WindowManager;
import android.view.animation.Animation;
import android.view.animation.AnimationUtils;
import android.webkit.WebViewClient;
import android.widget.Button;
import android.widget.TextView;
import android.widget.Toast;
import android.net.http.SslError;
import android.os.Bundle;
import android.support.v7.app.AppCompatActivity;
import android.webkit.SslErrorHandler;
import android.webkit.WebSettings;
import android.webkit.WebView;
import android.webkit.WebViewClient;
/*import com.tencent.smtt.sdk.WebSettings;
import com.tencent.smtt.sdk.WebView;*/

public class Main2Activity extends AppCompatActivity {
  //private WebView mWebView;
  private WebView webView;
   AlertDialog builder=null;//进入表白
   @Override
   protected void onCreate(Bundle savedInstanceState) {
      super.onCreate(savedInstanceState);

      setContentView(R.layout.activity_main2);//下面被注释掉的这几行
代码完全看程序员的个人意愿，如果想要使用腾讯 X5 内核，删除后面的注释符号即可
    /*  mWebView = (com.tencent.smtt.sdk.WebView)
findViewById(R.id.webView2);
      mWebView.loadUrl("file:///android_asset/index3.html");
      if (Build.VERSION.SDK_INT >= 21) {//设置顶部状态栏为半透明
        getWindow().setFlags(
            WindowManager.LayoutParams.FLAG_TRANSLUCENT_STATUS,
            WindowManager.LayoutParams.FLAG_TRANSLUCENT_STATUS);
      }*/
    final TextView  textView=(TextView)findViewById(R.id.textview);

   //下面运用 WebView 来加载 HTML5 动画，如果想使用 X5 内核，可以把下面这些删除，
再利用上面已经注释掉的代码即可

        webView = (WebView) findViewById(R.id.webView);
        //需要加载的网页的 url
```

```
            webView.loadUrl("file:///android_asset/index3.html");//这里
写的是 assets 文件夹下 HTML 文件的名称，需要带上后面的后缀名，前面的路径是 Android
系统自己规定的 android_asset，就是表示在 assets 文件夹下的意思，如果想要其他动态
背景，更改 index 文件名即可
```

```
webView.getSettings().setLayoutAlgorithm(WebSettings.LayoutAlgorithm.
SINGLE_COLUMN);//自适应屏幕
            webView.getSettings().setLoadWithOverviewMode(true);//自适
应屏幕
            webView.getSettings().setSupportZoom(true);
            webView.getSettings().setUseWideViewPort(true);//扩大比例的
缩放
            // webView.getSettings().setBuiltInZoomControls(true);//设置
是否出现缩放工具，这里就不出现了，影响效果
            WebSettings settings = webView.getSettings();
            // 如果访问的页面要与 Javascript 交互，那么 WebView 必须设置支持
Javascript
            settings.setJavaScriptEnabled(true);
            webView.setWebViewClient(new WebViewClient(){
                public boolean shouldOverrideUrlLoading(WebView view,
String url){
                    view.loadUrl(url);
                    return true;
                }
            });//下面引入动画，在标题栏上方的文字渐变效果从"正在加载中"渐变到
"还愣着干嘛？"
            Animation scaleAnimation =
AnimationUtils.loadAnimation(this, R.animator.anim);
            textView.startAnimation(scaleAnimation);//这里隐藏安卓系统本身
的标题栏
            ActionBar actionBar=getSupportActionBar();
            if(actionBar!=null)
            {
                actionBar.hide();
            }//这里设置安卓顶部状态栏为半透明状态，和我们的顶部标题栏颜色相呼应，
不然显示时间的状态栏就是深蓝色，看起来不好看
            if (Build.VERSION.SDK_INT >= 21) {//设置顶部状态栏为半透明
                getWindow().setFlags(
                    WindowManager.LayoutParams.FLAG_TRANSLUCENT_STATUS,
                    WindowManager.LayoutParams.FLAG_TRANSLUCENT_STATUS);}


            getWindow().setFlags(WindowManager.LayoutParams.
```

```
FLAG_FULLSCREEN, WindowManager.LayoutParams.FLAG_FULLSCREEN);
            getSupportActionBar().hide();
            new Handler().postDelayed(new Runnable(){ // 为了减少代码, 使
用匿名 Handler 创建一个延时的调用
            public void run() {
                textView.setText("<----还愣着干嘛? ? ");
            } }, 4500);//文字渐变的时间为 4500ms


        Button button=(Button)findViewById(R.id.button);
        button.setOnClickListener(new View.OnClickListener() {
            @Override
            public void onClick(View view) {
                AlertDialog.Builder b = new
AlertDialog.Builder(Main2Activity.this);
                //设置属性
                b.setTitle("每天做饭给你吃? ");



                b.setPositiveButton("好呀", new
DialogInterface.OnClickListener() {
                    @Override
                    public void onClick(DialogInterface
dialogInterface, int i) {
                        AlertDialog.Builder c = new
AlertDialog.Builder(Main2Activity.this);
                        c.setTitle("小姐姐: ");
                        c.setMessage("每个月生活费全都给你");
                        c.setPositiveButton("好呀", new
DialogInterface.OnClickListener() {
                            @Override
                            public void onClick(DialogInterface
dialogInterface, int i) {
                                AlertDialog.Builder d = new
AlertDialog.Builder(Main2Activity.this);
                                d.setTitle("小姐姐: ");
                                d.setMessage("房产证写你名字");
                                d.setNegativeButton("好呀", new
DialogInterface.OnClickListener() {
                                    @Override
                                    public void onClick(DialogInterface
dialogInterface, int i) {
                                        AlertDialog.Builder y = new
```

```
AlertDialog.Builder(Main2Activity.this);
                                y.setTitle("小姐姐");
                                y.setMessage("每天都陪你逛街");
                                y.setNegativeButton("好呀", new
DialogInterface.OnClickListener() {
                                        @Override
                                        public void
onClick(DialogInterface dialogInterface, int i) {
                                                Intent intent=new
Intent(Main2Activity.this,Main3Activity.class);
                                                startActivity(intent);
                                        }
                                });
                                y.create();
                                y.show();
                        }
                });
                d.create();
                d.show();
            }
        });
        c.create();//创建
        c.show();//show
    }
});
b.create();//创建
b.show();//show


    }

});
//这里是外面的括号


    }
    //下面单击返回，会跳出精美对话框的按钮，无论单击"确定"还是"取消"按钮都不会
退出软件
    public boolean onKeyUp(int keyCode, KeyEvent event) {
        if(keyCode == KeyEvent.KEYCODE_BACK){
            new CommomDialog(this, R.style.dialog, "求求你别离开我好吗?
", new CommomDialog.OnCloseListener() {
                @Override
                public void onClick(Dialog dialog, boolean confirm) {
```

```
                if(confirm){

                    dialog.dismiss();
                }


            }
        })
            .setTitle("小姐姐: ").show();

    }
    return true;
}}
```

然后编写补间动画所需要的 anim.xml 文件，前面的 scale 属性被笔者注释掉
了，它表示文字或者图片的缩放，但是在 Android 软件中的运行效果不太理想，仅
使用 alpha 的渐变属性对文字进行渐变。创建 anim.xml 需要特定的方式，而不是直
接在 layout 文件夹下进行创建。之前的章节中已经讲解了这个文件的创建方法。
现在我们来编写第二个主活动的布局，也就是 activity_main2.xml。这个布局略显
复杂了一些，但是细看其实也不是很难，主要是在整个布局的上方引入一个嵌套的
相对布局，这样才可以起到替换 Android 自带标题栏的作用。如果想使用 X5 内核
的话，直接把已经注释掉的 X5 控件的主体删除，再删除 WebView 的布局就好
了，但是无论如何，其 id 一定要正确才行，因为我们会在第二个活动中引入它的
id。布局的代码如下：

```
<?xml version="1.0" encoding="utf-8"?>
<LinearLayout xmlns:android=
"http://schemas.android.com/apk/res/android"
    xmlns:app="http://schemas.android.com/apk/res-auto"
    xmlns:tools="http://schemas.android.com/tools"
    android:layout_width="match_parent"
    android:layout_height="match_parent"
    android:orientation="vertical"
    tools:context=".Main2Activity">
<RelativeLayout
    android:background="@color/mainColor"
    android:layout_width="match_parent"
    android:layout_height="17dp">


</RelativeLayout>
```

```
<RelativeLayout
    android:background="@color/mainColor"
    android:layout_width="match_parent"
    android:layout_height="42dp">
    <Button
        android:id="@+id/button"
        android:layout_width="wrap_content"
        android:layout_height="match_parent"
        android:text="点我啦"/>
<TextView
    android:id="@+id/textview"
    android:textSize="23dp"
    android:layout_alignParentRight="true"
    android:textColor="@color/white"
    android:layout_width="250dp"
    android:layout_height="match_parent"
    android:text="正在加载中，稍等....."/>
</RelativeLayout>
    <!-- <com.tencent.smtt.sdk.WebView
        android:id="@+id/webView2"
        android:layout_width="match_parent"
        android:layout_height="match_parent"/>-->
    <WebView
        android:id="@+id/webView"
        android:layout_width="match_parent"
        android:layout_height="match_parent"></WebView>
</LinearLayout>
```

最后的布局效果如图 12-10 所示。

上面的状态栏不是蓝色的，蓝色的标题栏被隐藏了，因为我们在第二个活动中已经隐藏了这些内容。需要注意的是，将状态栏变为半透明状态需要将 Android 软件的 API 提升到 21 以上，没有在 21 以上的可以直接在 gradle 文件中进行修改，修改之后单击 Android Studio 界面右上方的 Syic Now 按钮，再等待计算机运行一段时间就可以了。

除此之外，我们在单击"返回"按钮的时候会跳出一个仿微信的对话框，如图 12-11 所示。

图 12-10　最后的布局效果　　　　图 12-11　仿微信的对话框

在第二个活动中已经触发了这个事件，因此还需要在 XML 文件中做一些美工。下面是需要编辑的第一个 XML 文件。我们编写一个名为 dialog_commom.xml 的文件，把这个布局直接创建到 layout 文件夹下即可。其代码如下：

```xml
<?xml version="1.0" encoding="utf-8"?>
<LinearLayout xmlns:android=
"http://schemas.android.com/apk/res/android"
    android:layout_width="match_parent"
    android:layout_height="match_parent"
    android:background="@drawable/bg_round_white"
    android:orientation="vertical" >

<TextView
    android:id="@+id/title"
    android:layout_width="match_parent"
    android:layout_height="wrap_content"
    android:gravity="center_horizontal"
    android:padding="12dp"
    android:layout_marginTop="12dp"
    android:text="提示"
    android:textSize="20sp"
    android:textColor="@color/black"/>
```

```xml
<TextView
    android:id="@+id/content"
    android:layout_width="match_parent"
    android:layout_height="wrap_content"
    android:gravity="center"
    android:layout_gravity="center_horizontal"
    android:lineSpacingExtra="3dp"
    android:layout_marginLeft="40dp"
    android:layout_marginTop="20dp"
    android:layout_marginRight="40dp"
    android:layout_marginBottom="30dp"
    android:text="签到成功，获得 200 积分"
    android:textSize="16sp"
    android:textColor="@color/font_common_1"/>
<View
    android:layout_width="match_parent"
    android:layout_height="1dp"
    android:background="@color/commom_background"/>

<LinearLayout
    android:layout_width="match_parent"
    android:layout_height="50dp"
    android:orientation="horizontal">

    <TextView
        android:id="@+id/cancel"
        android:layout_width="match_parent"
        android:layout_height="match_parent"
        android:background="@drawable/bg_dialog_left_white"
        android:layout_weight="1.0"
        android:gravity="center"
        android:text="确定"
        android:textSize="12sp"
        android:textColor="@color/font_common_2"/>

    <View
        android:layout_width="1dp"
        android:layout_height="match_parent"
        android:background="@color/commom_background"/>

    <TextView
        android:id="@+id/submit"
```

```
            android:layout_width="match_parent"
            android:layout_height="match_parent"
            android:background="@drawable/bg_dialog_right_white"
            android:gravity="center"
            android:layout_weight="1.0"
            android:text="取消"
            android:textSize="12sp"
            android:textColor="@color/font_blue"/>


    </LinearLayout>


</LinearLayout>
```

然后编写颜色文件，这样我们才可以调用软件中各种不同的颜色，并在 UI 中呈现出来，在 values 文件夹下文件名为 color.xml，代码如下：

```
<?xml version="1.0" encoding="utf-8"?>
<resources>
    <color name="colorPrimary">#3F51B5</color>
    <color name="colorPrimaryDark">#303F9F</color>
    <color name="colorAccent">#FF4081</color>
    <color name="mainColor">#573567</color>

    <color name="white">#FFFFFF</color>
    <color name="black">#000000</color>

    <color name="font_gray_b">#d4d4d3</color>

    <color name="font_tab_1">#42369a</color>
    <color name="font_tab_0">#b1b1b1</color>


    <color name="font_common_1">#424242</color>
    <color name="font_common_2">#a1a1a1</color>
    <color name="font_blue">#42369a</color>

    <color name="font_green">#00cccc</color>

    <color name="commom_background">#f3f3f3</color>

</resources>
```

之后编写 style.xml 文件，代码如下：

```xml
<resources>

    <!-- Base application theme. -->
    <style name="AppTheme"
parent="Theme.AppCompat.Light.DarkActionBar">
        <!-- Customize your theme here. -->
        <item name="colorPrimary">@color/colorPrimary</item>
        <item name="colorPrimaryDark">@color/colorPrimaryDark</item>
        <item name="colorAccent">@color/colorAccent</item>
    </style>



    <style name="dialog" parent="@android:style/Theme.Dialog">
        <item name="android:windowFrame">@null</item>
        <!--边框-->
        <item name="android:windowIsFloating">true</item>
        <!--是否浮现在 activity 之上-->
        <item name="android:windowIsTranslucent">false</item>
        <!--半透明-->
        <item name="android:windowNoTitle">true</item>
        <!--无标题-->
        <item name="android:windowBackground">@android:color/transparent</item>
        <!--背景透明-->
        <item name="android:backgroundDimEnabled">true</item>
        <!--模糊-->

    </style>



    <style name="AppTheme.NoActionBar">
        <item name="windowActionBar">false</item>
        <item name="windowNoTitle">true</item>
    </style>

    <style name="AppTheme.AppBarOverlay"
parent="ThemeOverlay.AppCompat.Dark.ActionBar" />

    <style name="AppTheme.PopupOverlay"
parent="ThemeOverlay.AppCompat.Light" />
```

```
</resources>
```

为了能够在单击时跳出这个对话框，我们还需要编写新的 Java 类，因此编写
CommomDialog.java：

```java
import android.app.Dialog;
import android.content.Context;
import android.os.Bundle;
import android.text.TextUtils;
import android.view.View;
import android.widget.TextView;
public class CommomDialog extends Dialog implements
View.OnClickListener {

    private TextView contentTxt;
    private TextView titleTxt;
    private TextView submitTxt;
    private TextView cancelTxt;

    private Context mContext;
    private String content;
    private OnCloseListener listener;
    private String positiveName;
    private String negativeName;
    private String title;

    public CommomDialog(Context context) {
        super(context);
        this.mContext = context;
    }

    public CommomDialog(Context context, int themeResId, String
content) {
        super(context, themeResId);
        this.mContext = context;
        this.content = content;
    }

    public CommomDialog(Context context, int themeResId, String
content, OnCloseListener listener) {
        super(context, themeResId);
        this.mContext = context;
```

```
        this.content = content;
        this.listener = listener;
    }


    protected CommomDialog(Context context, boolean cancelable,
OnCancelListener cancelListener) {
        super(context, cancelable, cancelListener);
        this.mContext = context;
    }

    public CommomDialog setTitle(String title){
        this.title = title;
        return this;
    }

    public CommomDialog setPositiveButton(String name){
        this.positiveName = name;
        return this;
    }

    public CommomDialog setNegativeButton(String name){
        this.negativeName = name;
        return this;
    }

    @Override
    protected void onCreate(Bundle savedInstanceState) {
        super.onCreate(savedInstanceState);
        setContentView(R.layout.dialog_commom);
        setCanceledOnTouchOutside(false);
        initView();
    }

    private void initView(){
        contentTxt = (TextView)findViewById(R.id.content);
        titleTxt = (TextView)findViewById(R.id.title);
        submitTxt = (TextView)findViewById(R.id.submit);
        submitTxt.setOnClickListener(this);
        cancelTxt = (TextView)findViewById(R.id.cancel);
        cancelTxt.setOnClickListener(this);

        contentTxt.setText(content);
```

```java
        if(!TextUtils.isEmpty(positiveName)){
            submitTxt.setText(positiveName);
        }

        if(!TextUtils.isEmpty(negativeName)){
            cancelTxt.setText(negativeName);
        }

        if(!TextUtils.isEmpty(title)){
            titleTxt.setText(title);
        }


    }

    @Override
    public void onClick(View v) {
        switch (v.getId()){
            case R.id.cancel:
                if(listener != null){
                    listener.onClick(this, false);
                }
                this.dismiss();
                break;
            case R.id.submit:
                if(listener != null){
                    listener.onClick(this, true);
                }
                break;
        }
    }

    public interface OnCloseListener{
        void onClick(Dialog dialog, boolean confirm);
    }
}
```

在调用腾讯 X5 内核时使用 MyApplication.java 类，代码如下：

```java
package com.example.lenovo.expresslove;

import android.app.Application;
import android.util.Log;
```

```
import com.tencent.smtt.sdk.QbSdk;

public class MyApplication extends Application {
    public void onCreate() {
        // TODO Auto-generated method stub
        super.onCreate();
        initX5();
    }

    /**
     * 初始化 X5
     */
    private void initX5() {
        //X5 内核初始化回调
        QbSdk.PreInitCallback cb = new QbSdk.PreInitCallback() {
            @Override
            public void onViewInitFinished(boolean arg0) {
                //X5 内核初始化完成的回调，为 true 表示 X5 内核加载成功，否则表
示 X5 内核加载失败，会自动切换到系统内核
                Log.d("app", " onViewInitFinished is " + arg0);
            }

            @Override
            public void onCoreInitFinished() {
            }
        };
        //X5 内核初始化接口
        QbSdk.initX5Environment(getApplicationContext(), cb);

    }
}
```

前面两个主活动已经编写完成，现在来到第三个活动的烟花场景，播放完毕
之后直接跳转到微信中。编写 Main3Activity.java 的代码文件，代码如下：

```
package com.example.lenovo.expresslove;

import android.content.ComponentName;
import android.content.Context;
import android.content.Intent;
import android.content.pm.PackageInfo;
import android.content.pm.PackageManager;
import android.net.Uri;
```

```
import android.os.Build;
import android.os.Handler;
import android.support.v7.app.ActionBar;
import android.support.v7.app.AppCompatActivity;
import android.os.Bundle;
import android.view.WindowManager;
import android.webkit.WebSettings;
import android.webkit.WebView;
import android.webkit.WebViewClient;

import java.util.List;

public class Main3Activity extends AppCompatActivity {


    private WebView webView;
    @Override
    protected void onCreate(Bundle savedInstanceState) {
        super.onCreate(savedInstanceState);
        setContentView(R.layout.activity_main3);
        getWindow().setFlags(WindowManager.LayoutParams.
FLAG_FULLSCREEN, WindowManager.LayoutParams.FLAG_FULLSCREEN);
        getSupportActionBar().hide();
        new Handler().postDelayed(new Runnable(){ // 为了减少代码, 使
用匿名Handler创建一个延时的调用
            public void run() {
                String url="weixin://";
                startActivity(new Intent(Intent.ACTION_VIEW,
Uri.parse(url)));

        } }, 5000);
        webView = (WebView) findViewById(R.id.webView2);
        //需要加载的网页的url
        webView.loadUrl("file:///android_asset/index4.html");//这里
写的是assets文件夹下HTML文件的名称, 需要带上文件的后缀名, 前面的路径是安卓系统自
己规定的 android_asset, 就是表示在 assets 文件夹下的意思
        webView.getSettings().setLayoutAlgorithm(WebSettings.
LayoutAlgorithm.SINGLE_COLUMN);//自适应屏幕
        webView.getSettings().setLoadWithOverviewMode(true);//自适
应屏幕
        webView.getSettings().setSupportZoom(true);
        webView.getSettings().setUseWideViewPort(true);//扩大比例的
```

缩放

```
        // webView.getSettings().setBuiltInZoomControls(true);//设
置是否出现缩放工具,这里就不出现了,读者可以根据自己的喜好进行设置
        WebSettings settings = webView.getSettings();
        // 如果在访问的页面中要与Javascript交互,WebView就必须设置支持
Javascript
        settings.setJavaScriptEnabled(true);
        webView.setWebViewClient(new WebViewClient(){
            public boolean shouldOverrideUrlLoading(WebView view,
String url){

                view.loadUrl(url);
                return true;
            }
        });
        if (Build.VERSION.SDK_INT >= 21) {//设置顶部状态栏为半透明
            getWindow().setFlags(
              WindowManager.LayoutParams.FLAG_TRANSLUCENT_STATUS,
              WindowManager.LayoutParams.FLAG_TRANSLUCENT_STATUS);}

        ActionBar actionBar=getSupportActionBar();
        if(actionBar!=null)
        {
            actionBar.hide();
        }
    }
}
```

下面是第三个活动布局:

```
<?xml version="1.0" encoding="utf-8"?>
<LinearLayout xmlns:android=
"http://schemas.android.com/apk/res/android"
    xmlns:app="http://schemas.android.com/apk/res-auto"
    xmlns:tools="http://schemas.android.com/tools"
    android:layout_width="match_parent"
    android:layout_height="match_parent"
    tools:context=".Main3Activity">
<WebView
    android:id="@+id/webView2"
    android:layout_width="match_parent"
    android:layout_height="match_parent">

</WebView>
```

```
</LinearLayout>
```

最终的动画场景如图 12-12 所示。

图 12-12 动画场景

等待几秒钟之后就会自动跳转到微信中，等待也是用匿名 handler 来完成的。至此，一个完整的向女友表白的软件就制作完成了。

第 13 章

多媒体技术

本章介绍 Android 开发中的多媒体技术，也就是使用 Android 进行拍照、播放视频等操作。

13.1　调用摄像头进行拍照

在开发中经常会用到调用摄像头实现扫描二维码、人脸识别、进行 OCR 光学符号识别等功能。这些技术中基础的都是调用摄像头进行拍照，那么我们怎样调用摄像头进行拍照并把已拍摄的照片保存在手机中呢？接下来，我们来看范例程序的效果，打开名为 Camera 的软件，出现如图 13-1 所示的界面。

显然，在这个界面中只有一个按钮和一段文字，这个按钮由 ImageView 来实现，文字则由 TextView 实现，我们为这个 ImageView 设置一个监听器。如果这个监听器检测到了屏幕的单击事件，就调用后面将会讲到的 checkPermissionAndCamera()函数，检查相机是否在 Android 系统中已经申请了拍照的权限。单击这个按钮，将会出现如图 13-2 所示的拍照界面。

图 13-1 相机主界面   图 13-2 开始拍照

笔者家中将摄像头对准灯，按下拍照按钮，就打开了拍照界面。接着按下这个界面右下角的 ，于是这张照片就保存到当前相册中。在这个过程中，首先需要申请调用摄像头拍照的权限，在软件的 AndroidManifest.xml 文件中添加以下拍照权限：

```
<uses-permission android:name="android.permission.CAMERA" />
```

将这个权限的代码放在标签 **manifest** 之下、**application** 之上，整体的代码如下所示：

```
<?xml version="1.0" encoding="utf-8"?>
<manifest xmlns:android="http://schemas.android.com/apk/
res/android"
    package="com.camera.camera">
    <uses-permission android:name="android.permission.CAMERA" />
    <application
        android:allowBackup="true"
        android:icon="@mipmap/ic_launcher"
        android:label="Camera"
        android:roundIcon="@mipmap/ic_launcher_round"
        android:supportsRtl="true"
        android:theme="@style/AppTheme">
```

```xml
            <activity android:name=".MainActivity">
                <intent-filter>
                    <action android:name="android.intent.action.MAIN" />
                    <category android:name=
"android.intent.category.LAUNCHER" />
                </intent-filter>
            </activity>
        </application>
    </manifest>
```

拍照后的界面如图 13-3 所示。

图 13-3　拍照完成

那么我们怎么实现这个界面呢？在 XML 的主界面上，除了编写按钮和文字外，还需要在文字上方增加一个 ImageView，用于显示拍照之后的图片。整个布局使用相对布局，这样布局起来比较简单，主界面进行 XML 布局的代码如下：

```xml
<?xml version="1.0" encoding="utf-8"?>
<RelativeLayout xmlns:android="http://schemas.android.com/apk/
res/android"
    xmlns:app="http://schemas.android.com/apk/res-auto"
    xmlns:tools="http://schemas.android.com/tools"
    android:layout_width="match_parent"
```

```
    android:layout_height="match_parent"
    android:orientation="vertical"
    tools:context=".MainActivity">
    <ImageView
        android:id="@+id/Photo"
        android:layout_width="wrap_content"
        android:layout_height="400dp" />
    <TextView
        android:layout_width="wrap_content"
        android:layout_height="wrap_content"
        android:layout_above="@+id/Camera"
        android:text="请点击这里拍照!"
        android:textColor="@color/colorAccent"
        android:layout_centerHorizontal="true"
        android:textSize="23dp"/>
    <ImageView
        android:id="@+id/Camera"
        android:layout_width="90dp"
        android:layout_height="90dp"
        android:layout_below="@+id/Photo"
        android:layout_centerHorizontal="true"
        android:layout_marginLeft="30dp"
        android:layout_marginRight="30dp"
        android:src="@drawable/paishe" />
</RelativeLayout>
```

第一个 ImageView 就是我们用于展示照片的控件，TextView 用来显示文字，最后一个 ImageView 则导入了后缀为.png 的"按钮"图片。当然这个程序具有保存当前照片的功能，因此还需要在代码中添加一个用于保存照片路径的文件。我们在 res 文件夹下新建一个 xml 文件夹，并在里面添加一个名为 file_path.xml 的文件，并写入以下代码：

```
<?xml version="1.0" encoding="utf-8"?>
<resources>
<paths>
    <external-files-path
        name="images"
        path="" />
</paths>
</resources>
```

其中，path 表示照片保存的路径，这里一般使用空值，也就是什么都不写，用于将数据在整个手机内存空间内进行共享；name 属性的值则可以填写任意字符串。既然我们已经说明了共享照片的路径，那么还需要有代码让这里指定的照片路径生效。修改 AndroidManifest.xml 文件，创建 provider 属性代码，指定共享文件路径。AndroidManifest.xml 文件的代码修改后如下：

```
<?xml version="1.0" encoding="utf-8"?>
<manifest xmlns:android=
"http://schemas.android.com/apk/res/android"
    package="com.camera.camera">
    <uses-permission android:name="android.permission.CAMERA" />
    <application
        android:allowBackup="true"
        android:icon="@mipmap/ic_launcher"
        android:label="Camera"
        android:roundIcon="@mipmap/ic_launcher_round"
        android:supportsRtl="true"
        android:theme="@style/AppTheme">
        <activity android:name=".MainActivity">
            <intent-filter>
                <action android:name="android.intent.action.MAIN" />

                <category android:name=
"android.intent.category.LAUNCHER" />
            </intent-filter>
        </activity>

        <provider
            android:name="androidx.core.content.FileProvider"
            android:authorities="${applicationId}.fileprovider"
            android:exported="false"
            android:grantUriPermissions="true">
            <meta-data
                android:name="android.support.FILE_PROVIDER_PATHS"
                android:resource="@xml/file_paths" />
        </provider>
    </application>
</manifest>
```

在 mete-data 标签下的 android:resource 属性下添加刚刚创建的 XML 文件的路径，android:name 属性保持不变。

最后在主活动中编写 Java 代码，代码如下：

```java
public class MainActivity extends AppCompatActivity {

    private ImageView Camera;
    private ImageView Photo;


    private static final int CAMERA_REQUEST_CODE = 0x00000010;

    private static final int PERMISSION_CAMERA_REQUEST_CODE =
0x00000012;

    private Uri mCameraUri;


    private String mCameraImagePath;

    private boolean isAndroidQ = Build.VERSION.SDK_INT >=
android.os.Build.VERSION_CODES.Q;

    @Override
    protected void onCreate(Bundle savedInstanceState) {
        super.onCreate(savedInstanceState);
        setContentView(R.layout.activity_main);

        Camera = findViewById(R.id.Camera);
        Photo = findViewById(R.id.Photo);

        Camera.setOnClickListener(new View.OnClickListener() {
            @Override
            public void onClick(View view) {
                checkPermissionAndCamera();
            }
        });
    }


    private void checkPermissionAndCamera() {
        int hasCameraPermission = ContextCompat.
checkSelfPermission(getApplication(),
                Manifest.permission.CAMERA);
        if(hasCameraPermission==PackageManager.PERMISSION_GRANTED){
```

```
            openCamera();
        } else {

            ActivityCompat.requestPermissions(this,new
String[]{Manifest.permission.CAMERA},
                    PERMISSION_CAMERA_REQUEST_CODE);
        }
    }

    @Override
    protected void onActivityResult(int requestCode, int resultCode,
@Nullable Intent data) {
        super.onActivityResult(requestCode, resultCode, data);
        if (requestCode == CAMERA_REQUEST_CODE) {
            if (resultCode == RESULT_OK) {
                if (isAndroidQ) {
                                Photo.setImageURI(mCameraUri);
                } else {

    Photo.setImageBitmap(BitmapFactory.decodeFile(mCameraImagePath));
                }
            } else {
                Toast.makeText(this,"取消",
Toast.LENGTH_LONG).show();
            }
        }
    }


    @Override
    public void onRequestPermissionsResult(int requestCode, String[]
permissions, int[] grantResults) {
        if (requestCode == PERMISSION_CAMERA_REQUEST_CODE) {
            if (grantResults.length > 0
                    && grantResults[0] ==
PackageManager.PERMISSION_GRANTED) {

                openCamera();
            } else {
                Toast.makeText(this,"拍照权限被拒绝",
Toast.LENGTH_LONG).show();
            }
```

```
        }
    }


    private void openCamera() {
        Intent captureIntent = new
Intent(MediaStore.ACTION_IMAGE_CAPTURE);
        if (captureIntent.resolveActivity(getPackageManager()) !=
null) {
            File photoFile = null;
            Uri photoUri = null;

            if (isAndroidQ) {
                photoUri = createImageUri();
            } else {
                try {
                    photoFile = createImageFile();
                } catch (IOException e) {
                    e.printStackTrace();
                }

                if (photoFile != null) {
                    mCameraImagePath = photoFile.getAbsolutePath();
                    if(Build.VERSION.SDK_INT>=Build.VERSION_CODES.N){
                        photoUri = FileProvider.getUriForFile(this,
getPackageName() + ".fileprovider", photoFile);
                    } else {
                        photoUri = Uri.fromFile(photoFile);
                    }
                }
            }

            mCameraUri = photoUri;
            if (photoUri != null) {
                captureIntent.putExtra(MediaStore.EXTRA_OUTPUT,
photoUri);
                captureIntent.addFlags(Intent.
FLAG_GRANT_WRITE_URI_PERMISSION);
                startActivityForResult(captureIntent,
CAMERA_REQUEST_CODE);
            }
        }
    }
```

```java
    private Uri createImageUri() {
        String status = Environment.getExternalStorageState();
        if (status.equals(Environment.MEDIA_MOUNTED)) {
            return getContentResolver().insert(MediaStore.Images.
Media.EXTERNAL_CONTENT_URI, new ContentValues());
        } else {
            return getContentResolver().insert(MediaStore.Images.
Media.INTERNAL_CONTENT_URI, new ContentValues());
        }
    }


    private File createImageFile() throws IOException {
        String imageName = new SimpleDateFormat("yyyyMMdd_HHmmss",
Locale.getDefault()).format(new Date());
        File storageDir =
getExternalFilesDir(Environment.DIRECTORY_PICTURES);
        if (!storageDir.exists()) {
            storageDir.mkdir();
        }
        File tempFile = new File(storageDir, imageName);
        if (!Environment.MEDIA_MOUNTED.equals(EnvironmentCompat.
getStorageState(tempFile))) {
            return null;
        }
        return tempFile;
    }
}
```

其中，onCreate()方法用于设置单击事件的监听器，单击之后跳转到 checkPermissionAndCamera()方法，用于判断软件是否申请了相机的拍照权限，如果申请了权限，就立刻调用摄像头进行拍照，如果没有申请权限，就重新申请权限。onRequestPermissionResult()方法用于重写，在能够调用摄像机的情况下，如果用户在手机中选择了相应的摄像头拍照，就正式调用摄像头开始拍照。如果用户没有选择相应的摄像头，就通过 Toast 显示"取消"提示框，表示用户取消了拍照操作。

13.2 编写视频播放器

下面我们来看如何在 Android 上编写一个视频播放器。市面上有很多视频播放器，比如爱奇艺、优酷等 App。它们不仅可以播放视频，也是各种电影、电视剧的集成中心，用户可以在购买会员之后在 App 上观看这些视频。那么自己怎么编写一个视频播放器呢？我们可以使用 UniversalVideoView 这个开源的框架来编写视频播放器。使用它编写完成的界面如图 13-4 所示。

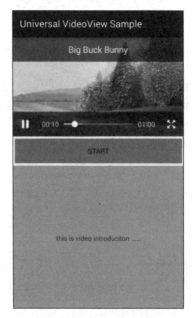

图 13-4　编写完成的视频播放器界面

这是播放器在竖屏状态下的现实界面，单击START按钮或者视频左下角的"播放"按钮来播放视频或暂停播放。同时，单击视频右下角的按钮可以让视频全屏播放，全屏播放的界面如图 13-5 所示。

那么，具体怎么实现这个播放器呢？首先在 Gradle 文件下导入包，在 implementation 处输入以下代码：

```
implementation'com.linsea:universalvideoview:1.1.0@aar'
```

图 13-5　全屏播放界面

然后在主活动所对应的 XML 文件（也就是 activity_main.xml）中编写如下代码：

```
<LinearLayout xmlns:android=
"http://schemas.android.com/apk/res/android"
    xmlns:app="http://schemas.android.com/apk/res-auto"
    android:layout_width="match_parent"
    android:layout_height="match_parent"
    android:orientation="vertical">

    <FrameLayout
        android:id="@+id/video_layout"
        android:layout_width="fill_parent"
        android:layout_height="200dp"
        android:background="@android:color/black">

        <com.universalvideoview.UniversalVideoView
            android:id="@+id/videoView"
            android:layout_width="fill_parent"
            android:layout_height="fill_parent"
            android:layout_gravity="center"
            app:uvv_autoRotation="true"
            app:uvv_fitXY="false" />

        <com.universalvideoview.UniversalMediaController
            android:id="@+id/media_controller"
            android:layout_width="fill_parent"
            android:layout_height="fill_parent"
            app:uvv_scalable="true" />

    </FrameLayout>
```

```
<LinearLayout
    android:id="@+id/bottom_layout"
    android:layout_width="fill_parent"
    android:layout_height="0dp"
    android:layout_weight="1"
    android:orientation="vertical">

    <Button
        android:id="@+id/start"
        android:layout_margin="5dp"
        android:layout_width="fill_parent"
        android:layout_height="50dp"
        android:background="@color/colorPrimaryDark"
        android:gravity="center"
        android:text="start" />

    <TextView
        android:id="@+id/introduction"
        android:layout_width="fill_parent"
        android:layout_height="0dp"
        android:layout_weight="1"
        android:gravity="center"
        android:text="this is video introduciton ......"
        android:background="@color/uvv_gray" />


</LinearLayout>


</LinearLayout>
```

可以看到在 Framelayout 中，我们使用了 com.universalvideoview.
UniversalMediaController 控件，包含控制视频播放的暂停、播放以及进度条按钮。
com.universalvideoview.UniversalVideoView 控件则用于播放视频。FrameLayout 下
面的线性布局用于视频在竖屏播放时显示想要显示的东西，比如可以往里面添加
用户评论、电影评级等功能，这样一个竖屏的界面就被我们定义出来了。由于我们
在播放视频时调用了网络上的视频，因此需要在 AndroidManifest.xml 文件下添加
网络权限，代码如下：

```
<uses-permission android:name="android.permission.INTERNET" />
```

```
<uses-permission android:name=
"android.permission.ACCESS_NETWORK_STATE" />
<uses-permission android:name=
"android.permission.ACCESS_WIFI_STATE" />
```

　　然后就可以编写 Java 代码了，Java 代码的具体实现方法以及源码可以参见 https://github.com/linsea/UniversalVideoView。笔者在此 Java 代码的具体实现中给出了 Apache 2.0 License 协议，因此不再赘述。其中，Java 代码的文件目录在 https://github.com/linsea/UniversalVideoView/blob/master/universalvideoviewsample /src/main/java/com/universalvideoviewsample/MainActivity.java 下。上面的注释比较详细，读者可以自行查看。读者也可以根据上面的代码进行修改，实现自己想要的效果。

第 14 章

计算机视觉和图像识别技术在 Android 开发中的应用

本章主要介绍计算机视觉和图像识别技术在 Android 开发中的应用。我们先对计算机视觉技术进行大致的介绍，然后在 Android 中实现一个图像识别的应用。

14.1 人工智能与计算机视觉

随着人类社会的不断进步，越来越多的新技术涌现到人们的视野中。目前在计算机领域，商用化最多的技术就是计算机视觉。人类接收外界信息的 80%都是通过眼睛来接收的，而计算机视觉正是向人类的眼睛和大脑学习，我们只要给计算机看一段视频或者录像，计算机视觉系统就会像人类一样理解其中的含义。我们可以通过计算机视觉技术在 Android 手机软件上执行人脸识别、人脸检测、目标检测、图像分割、目标跟踪等任务。人工智能又分为机器学习与深度学习，深度学习是机器学习的子集，当前不少计算机视觉中的任务都利用深度学习技术产生了惊人的效果。

14.2　人工神经网络

在学习如何把深度学习模型部署在 Android 移动端之前，先来了解一下什么是人工神经网络，只有了解了相关的知识后，才可以将这些内容运用到 Android 开发中。人工神经网络是一种模拟人脑构建出来的神经网络，每一个神经元都具有一定的权重和阈值。假设采用 Sigmoid 激活函数（一种神经元中的激励机制），我们输入的信号超过了某个阈值，神经元将会输出 1，否则输出 0。还有一种神经元使用 ReLU（另一种激励机制）的方式进行激活，如果输入的信号值小于某个阈值，就输出 0，大于这个阈值则输出输入的信号值乘上某个系数。这两种机制在神经网络中比较常用。单个神经元的图例如图 14-1 所示。

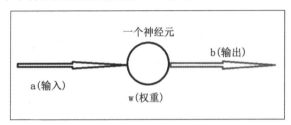

图 14-1　单个神经元

从图 14-1 中可以看到每个神经元具有一个输入 a 和一个输出 b。在神经元中还有一个权重参数 w，这个参数是用来干什么的呢？假设我们使用了 Sigmoid 激活函数，这个函数可以写成 $g(x)$，x 表示输入，但是这个输入不是参数 a，而是参数 a 经过权重计算之后的结果，因此可以写成 $g(x)=g(w×a)$ 的形式。在一般情况下，每个神经网络中还会有一个偏置的值，用字母 c 表示，根据实验表明，通过具有偏置 c 的神经元训练出来的神经网络的准确度会更高。因此，一个神经元的输出可以表示为 $b=g(w×x+c)$ 的形式。

14.3　全连接神经网络

在神经网络中基础的就是全连接神经网络，全连接神经网络中，每一层的一个神经元与下一层的所有神经元都相连。神经网络可以分为输入层、输出层和隐藏层，用于输入数据的层就是输入层，用于输出数据的层就是输出层，中间的所有层都叫作隐藏层，可以用图 14-2 来表示。

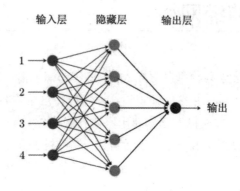

图 14-2　全连接神经网络

　　在这个全连接神经网络中，一共有 4 个输入的值，因此第一个输入层有 4 个神经元，中间为隐藏层，这里设置了 5 个神经元，最后的输出层只有一个值。像这种全连接神经网络可以做什么呢？就连这样一个简单的神经网络，稍作修改，用于进行手写数字 0~9 的识别，准确率就能够达到 97%左右。对于识别手写数字而言，我们采用 Minist 数据集，在这个数据集中，每一幅数字的图像的分辨率都是 28×28，也就是一幅图像上具有 28×28 个小方格，图像的长度为 28 个小方格，宽度也为 28 个小方格。每一个小方格上具有一个 0~255 的数字，这个数字代表从黑色到白色的程度，0 代表纯黑，255 代表纯白。我们想要把这些数字输入神经网络中，也就是把这些小方格所对应的数字输入神经网络中，因此将输入层中的 4 个神经元更改为 28×28 个，每一个节点用于接收一幅手写数字的图像中的一个小方格中的数字，中间的隐藏层设定为 30 个神经元，输出设定为 10 个，因为有 0~9 一共 10 个数字，10 个输出中的每个都代表识别为这个数字的概率。我们通过这个神经网络进行训练，使用 PyTorch、TensorFlow 等框架编写代码，用 Java 实现可以使用 DJL，或者在 Java 中调用 OpenCV 即可。只要编写好这些神经网络每一层的架构，这个神经网络就会自动更新每一个神经元的权重，通过更新权重将最后输出的概率逼近于真实输入神经网络中的数字。

　　比如输入手写数字 1，在输出层负责输出是否为数字 1 的神经元会输出 0.95，表示这个数字为 1 的概率为 0.95，而其他输出层神经元的输出概率之和则为 1－0.95=0.05。这就是全连接神经网络的作用了，目前还没有具体的理论能够解释究竟为什么像这种神经网络的结构能够对数字识别达到如此高的准确度。不过我们知道隐藏层所使用的神经元越多，隐藏层的层数越多，模型预测的精度就会越高，越大的神经网络也越容易训练。后来经过实验表明，在全连接层中加入卷积神经网络层能进一步增加神经网络识别的准确度，因为卷积神经网络对图像中的特征提取能力比全连接神经网络更强。

14.4　卷积神经网络

在很多领域全连接神经网络并不是很管用，比如对一些更大的图像，图像中并不是形状单一的数字，而是形形色色的动物，比如马、猫、狗等。计算机想对这些挑战性更大的图像进行识别，就需要对图像特征进行更为有效的提取。根据实验证明，卷积神经网络能够很好地提取图像的特征，并对图像进行识别和分类。为了更好地学习卷积神经网络，我们先介绍一些有关图像的知识。

在一般情况下，图像是灰度图，也就是只有一个通道的黑白图像，一幅图像只有一层。而对于彩色图像而言，一般具备三个通道，分别是红、黄、蓝，只要把这三个通道（可以理解为三层图像）叠加在一起，就可以在每一个像素点上显示出其他的颜色，因为所有的颜色都可以由红、黄、蓝这三原色来组成。一张 4×4 的具有三个通道的彩色图像如图 14-3 所示。

图 14-3　RGB 图像

在这幅图像上的每一个小方格都具有一个 0~255 的数值，代表颜色的深度。如果卷积神经网络想要对这张彩色的图像进行处理，其实也比较简单。卷积神经网络中每一层都具有一个或者多个卷积核，我们先讨论仅有一个卷积核的情况。卷积核可以看作是一幅仅有一个通道的图像，它的大小可以为 3×3、4×4、5×5 等。我们一般取 3×3 大小的作为卷积核，也就是 Kernel Size=3。那么卷积操作是如何进行的呢？卷积核如图 14-4 所示。

图 14-4 卷积核

在卷积神经网络中经常听到感受野（FP，Receptive Field）这个学术词汇，感受野其实就是卷积核的大小，这两者之间并没有区别，只是更换一个说法而已。那么神经网络层之间的卷积是怎么进行操作呢？假设采用图 14-4 中的卷积核，需要进行卷积计算的图像为一幅大小为 5×5 的灰度图像（并非 RGB 具有三通道的图像，这里仅仅只有一个通道），我们让这个 3×3 的卷积核依次从左到右扫描过这幅 5×5 的图像，扫描完一行之后切换到下一行进行扫描，每扫描一次就做矩阵内积计算，使用这种方法计算出卷积之后的数值。在正常的卷积操作中，卷积核的大小比图像的大小更小，这样卷积核才能够在图像中进行扫描，从而得到有效的信息。在最初还没有深度学习的时代，计算机科学家通过经验调整卷积核中的数值，这样可以进行各种各样的图像处理操作，只要稍微调整卷积核中的数值，就可以在扫描完一次图像之后将图像变模糊，或者在卷积完之后只保留图像中物体的边缘。如图 14-5 所示是卷积操作的具体过程。

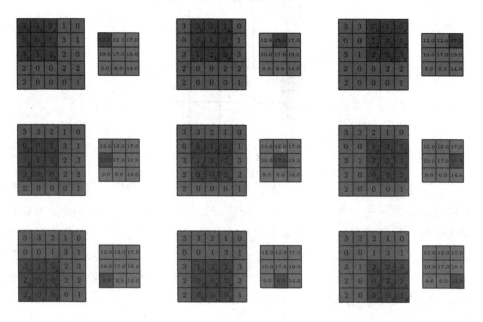

图 14-5 卷积操作

如图 14-5 所示，卷积核在一幅 5×5 的图像上不断扫描，输出了一幅 3×3 的图像。这幅图像上的数值是怎么通过矩阵内积计算出来的呢？很简单，在第一张图中，卷积核正好覆盖在这幅图的左上方，覆盖到图像中的数字依次为 3、3、2、0、0、1、3、1、2，卷积核中的数字是 0、1、2、2、2、0、0、1、2。内积操作是将所有在空间上位置一致的数字对应相乘，再全部相加。卷积核中的第一个数字和图像中的第一个数字分别为 3 和 0，因此相乘等于 0。第二个小方格的乘积为 3×1=3，然后计算出每一个小方格的乘积，最后将这些计算出来的乘积全部相加，得到输出 3×3 图像中的第一个数值。第一步计算的过程是：3×0+3×1+2×2+0×2+0×2 +1×0+3×0+1×1+2×2 = 12。因此，输出图像中的第一个数值为 12，以此类推。在深度学习中，卷积核中的数字并非编程人员直接设定的，而是通过这样的卷积神经网络训练出来的数值。

可能读者会觉得疑惑，为什么卷积神经网络是一个网络呢？其中的操作并没有像全连接神经网络一样表示出来，也没有在刚才的操作中看到一个网络呀？道理很简单，我们只需要把一幅二维的图像展平，就变成了一个一维的网络，这样就可以作为输入直接将图像的信息"喂"到一个卷积神经网络中了。

卷积神经网络中还有一个比较神奇的地方是，假设我们输入的是一幅 3×3 的图像，具有三通道的 RGB 图像，应该怎么办呢？是不是应该一张图配备三个卷积核呢？答案是否定的。我们依然只需要一个卷积核就可以对这幅三通道的 RGB 图像进行处理。只是在滑动卷积核的同时，要对三层图像做内积。也就是首先通过卷积计算出每一层的数值，再把这三层的所有数值都相加，就得到输出的数值了。因此，即使有三层图像的输入，最后得到的也只是一幅一维的图像。但是，也可以通过设计卷积核得到多个维度的图像，每个卷积核都会扫描原图中的所有部分，从而得到一个输出维度（图像），我们想要输出多少个维度的图像，只需在卷积神经网络中设置多少个卷积核即可。

下面再来介绍一下卷积神经网络的参数。第一个是 stride，这个参数的中文含义是"步伐"，也就是卷积核在扫描图像时每扫描一次，是向右移动一步，还是向右移动两步、三步等。我们来看一个例子，在这个卷积操作中，stride=2，用作卷积操作的图像的大小依然为 5×5，卷积核的大小为 3×3，我们来看看是怎么完成的，如图 14-6 所示。

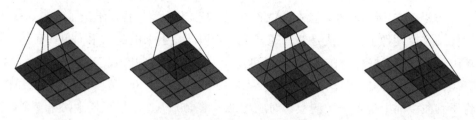

图 14-6　stride=2 的卷积

在图 14-6 中，输入的图像在最下方，而输出的图像在最上方。我们每移动一次卷积核就跳过了两个小方格，无论是从左向右移动还是从上往下移动，都跳过了两个小方格，因此输出的才是一个 2×2 的小方格。如果此时的 stride 设置为 3，那么只会得到一个输出，因为卷积核不会因为 stride 太大就跳出原图像进行扫描。在 stride 为 3 的情况下，只有增大原图像的大小才能够得到一幅具有更多数字输出的图像。

14.5　图像的池化

在学习神经网络和卷积神经网络的基础知识之后，我们就可以开始学习图像池化的知识了。在图像识别领域，研究人员设计了不少效果相当不错的神经网络，比如 Alex Net、VGG、GoogleNet、ResNet 等。那么它们是怎么被设计出来的呢？

继续刚才的内容，进一步深入了解卷积神经网络。在卷积神经网络中，不仅有卷积的操作，还有一种叫作池化的操作，这些进行图像识别的神经网络无非就是使用卷积操作和池化操作不断地重复，然后实验、调参，最后就可以设计出一个神经网络用于图像识别。池化操作比卷积操作更加简单，一般情况下用到的有平均池化和最大池化。假设我们有一幅 4×4 的图像，如图 14-7 所示。

1	2	3	4
5	6	7	8
9	10	11	12
13	14	15	16

图 14-7　池化图像

如果将其进行 2×2 的最大池化，也就是将这幅 4×4 的图像分解成多个小的部分，每一部分都是一幅 2×2 的小图像。在每一幅 2×2 的图像中取出一个最大的数值，这就是最大池化。在图 14-8 中，第一小幅图像的最大数值是 6，第二小幅图像的最大数值是 8，第三小幅图像的最大数值是 14，第四小幅图像的最大数值是 16。因此，做了最大池化之后输出的结果如图 14-8 所示。

6	8
14	16

图 14-8　池化之后的输出

如果将图像进行 3×3 的池化，也就是将图像全部分解成大小为 3×3 的小图像，然后根据平均池化或最大池化求出每一个输出小方格的值。平均池化就是对这个 3×3 的小图像求出平均值用于输出即可。

14.6　图像识别

图像识别技术是所有计算机视觉技术的基石，比如目标检测、图像语义分割、目标跟踪、OCR 光学符号识别等都需要图像识别技术作为基础。图像识别技术主要用于图像的分类，比如我们有一大堆已经标注好的猫和狗的图像，怎么让计算机知道这些图像是猫还是狗呢？从计算机视觉的革命开始时，Yann LeCun 在 1998 年就提出了一种名叫 LeNet 的卷积神经网络用于数字分类，可以识别 0~9 的数字。我们用这种卷积神经网络可以达到 99.4% 的识别准确率，这个结果甚至比人类对验证码识别的准确率还要高。之前的全连接神经网络最多能够达到 97% 左右的准确率，但越往上走，连提升 1% 都非常困难。这个神经网络的构造如图 14-9 所示。

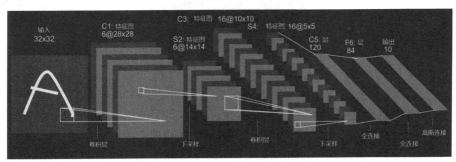

图 14-9　LeNet 5 的实现

输入层是一系列 32×32 的手写字体图像，这些手写字体包含数字 0~9，相当于有 10 个类别的图像输出结果，也就是对 0~9 这 10 个数字的手写体图像所预测得到的概率值。在进行训练时，只能把图像一幅一幅地送进神经网络，每一幅图像都是 32×32 的，因此这个神经网络的输入神经元有 32×32=1024 个。接着第二层进入卷积神经网络层，在论文中采用 6 个卷积核，每个卷积核的大小为 5×5，然后进行最大池化，将输出的大小减半，之后又对池化的结果进行卷积操作，卷积核依然选择 5×5，但是这时使用了 16 个卷积核，因此会输出 16 个通道的图片，我们可以将通过卷积操作之后的图像称为特征图（Feature Map）。接下来再进行最大池化，将特征提取得更加抽象，池化之后又卷积。最后经过双层全连接神经网络，第一层全连接层具有 128 个神经元，第二层有 84 个神经元，这些具体神经元的个数都是调参与实验的结果，最后得到 10 个输出，代表每个数字所输出的概率。这样，LeNet 5 就设计完成了。当然，后续的研究者参照 LeNet 5 的研究思想又发明了其他的神经网络，后来发明的神经网络可以用来进行任意物体的图像分类，这些新发明为如今如火如荼的计算机视觉技术奠定了基础。

14.7　Android 实现图像识别

在了解了卷积神经网络的原理之后，现在我们也可以动手编写一个用于图像识别的软件。先来看看这个软件完成之后的效果，如图 14-10 所示。

图 14-10　识别物体的结果

如图 14-10 所示，我们只需要将手机上的摄像头对准某个物体，手机就会自动对其进行识别，并输出是某种物体的可能性（概率）。例如，笔者把摄像头对准了一个杯子，手机显示它是杯子的可能性是 100%。怎样才能完成这个软件呢？完成人工智能软件一般分为三步，首先训练深度学习模型，然后开发软件，最后把深度学习模型部署在 Android 手机上。

现在先来完成第一步，训练深度学习模型。有了之前卷积神经网络的基础，大家可以随便在网上找一个开源框架进行学习后就可以上手，然后编写一个简单的图像分类的模型。假设采用 TensorFlow 来编写这个图像识别的深度学习模型，之后将其迁移到 Android 端。也就是需要在计算机上训练好相应的模型，不过计算机上训练好的模型的后缀为.h5，因此还需要将其转化为.tflite 的格式。在手机上需要运行 TensorFlow Lite，不然手机是跑不动能够在计算机上运行的模型的。关于模型的编写这里不再赘述，因为这部分内容不属于本书的范畴。大家可以参考其他教程自行学习，本书仅讲解如何将训练好的模型迁移到移动端。

在计算机上保存 TensorFlow 已经训练好的模型，代码如下：

```
model.save('FCN_model.h5')
```

查看此模型是否保存成功，并且查看刚才保存的模型结构：

```
new_model=tf.keras.models.load_model('FCN_model.h5')
new_model.summary()
```

这样计算机就会输出刚才训练好的模型结构。现在将模型的格式从.h5 转化为.tflite，代码如下：

```
converter = tf.lite.TFLiteConverter.from_keras_model_file
('newModel.h5') tflite_model = converter.convert()
open("converted_model.tflite", "wb").write(tflite_model)
```

这样.tflite 的模型就制作和保存好了，我们只需要将.tflite 文件复制到 Android Studio 中即可。还有一种不需要自己制作.tflite 文件的方法，也能够生成深度学习训练模型文件，直接登录 Teachable Machine 网站，单击如图 14-11 所示的 Get Started 按钮。

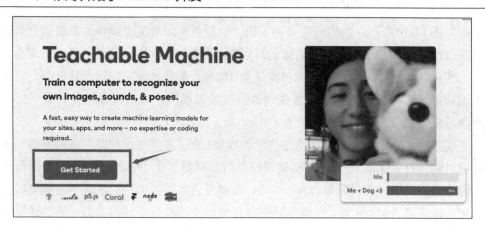

图 14-11　Teachable Machine 网站

然后单击 Image Project，如图 14-12 所示。

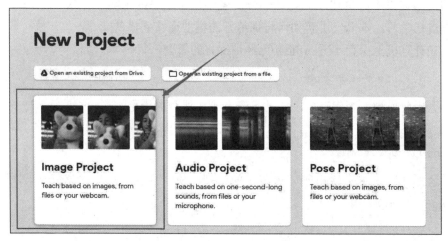

图 14-12　单击 Image Project

连续单击 Webcam，可以直接打开计算机屏幕采集某一个类别照片的数据集，采集了数据集之后，单击 Train Model 按钮，计算机就可以开始训练模型了，如图 14-13 所示。

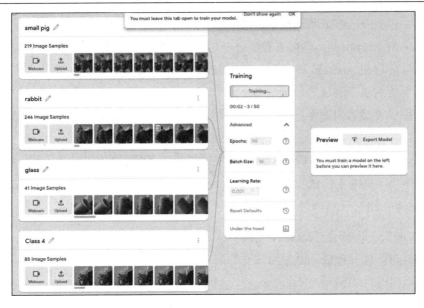

图 14-13　在平台上训练模型

　　笔者分别采集了小猪佩奇、小兔子、塑料杯、玻璃杯的图片到计算机中进行训练。小猪佩奇用 small pig 表示，小兔子用 rabbit 表示，塑料杯用 glass 表示，玻璃杯用 Class 4 表示。训练完成之后单击 Export Model，出现如图 14-14 所示的页面。

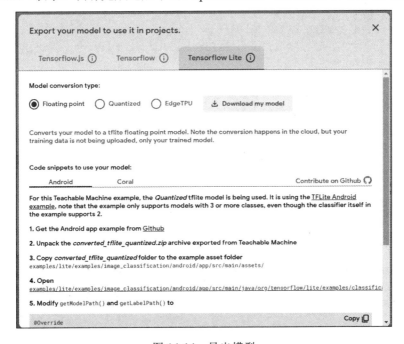

图 14-14　导出模型

选中 Floating point 单选按钮，然后单击 Download my model 按钮下载。下载完成之后单击 Quantized，继续下载第二个模型。这些内容也就是 TFLite 深度学习模型，可以部署在 Android 移动端上，让 Android 手机能够进行图像识别。下载下来的是两个压缩包，解压之后是两个后缀为.tflite 的文件以及一个名为 label 的 TXT 文件，用于存储输出图像分类的标签，然后创建名为 converted_tflite_quantized 的文件夹，将刚才解压后的三个文件都放到这个文件夹内。

到 GitHub 网站上下载 Android 开发的模板，下载并解压之后，使用 Android Studio 打开，将刚才创建的文件夹 converted_tflite_quantized 复制到整个 Android 项目的 Assets 文件夹下，然后分别打开以下文件：

ClassifierQuantizedMobileNet.java

ClassifierFloatEfficientNet.java

ClassifierFloatMobileNet.java

ClassifierQuantizedEfficientNet.java

ClassifierQuantizedMobileNet.java

修改 Android App 中的模型路径，并将 getModePath()和 getLabelPath()方法修改为：

```java
@Override
protected String getModelPath() {
  return "converted_tflite_quantized/model.tflite";
}

@Override
protected String getLabelPath() {
  return "converted_tflite_quantized/labels.txt";
}
```

这样，就可以让这个 Android App 调用刚才训练好的深度学习模型。我们在手机上运行这个 App，能够很快发现可以对物体进行图像识别了。

至此，本书的内容就全部讲完了。掌握这些知识之后，相信读者能够在 Android 开发的领域里扬帆起航，开发出自己想要的 App。若想进行进一步提升开发能力，则可以参考 Android 开发的官方手册，也可以参考网上的一些博客，因为此时读者已经具备了扎实的开发基础，再进行提升就会更快了。